글로벌 공학봉사설계프로젝트 **창의충전소**

글로벌 공학봉사설계프로젝트

창의충전소

지은이 | 서영봉 · 엄지인 · 임오강
펴낸이 | 조승식
펴낸곳 | (주)도서출판 북스힐

등록 | 제22-457호
주소 | 142-877 서울 강북구 한천로 153길 17
홈페이지 | www.bookshill.com
전자우편 | bookswin@unitel.co.kr
전화 | 02-994-0071(代)
팩스 | 02-994-0073

2014년 8월 11일 1판 1쇄 인쇄
2014년 8월 15일 1판 1쇄 발행

값 17,000원
ISBN 978-89-5526-847-8

글로벌 공학봉사설계프로젝트

창의
충전소

서영봉 · 엄지인 · 임오강 지음

 북스힐

■ 서문

최근 들어 공학교육에서는 창의적이며 융합적인 사고를 하는 미래형 인재를 양성하는 교육프로그램에 대한 관심이 높아졌다. 창의전문가 및 융합전문가들은 이런 추세에 맞추어 창의종합설계경진대회부터 공학에 인문학, 경제학, 예술학 등을 접목한 융합교과목까지 다양한 프로그램들을 쏟아내고 있다.

그러나 '창의'와 '융합'에 대한 이런 일반적인 프로그램들은 보는 관점에 따라 오히려 창의적이지도 융합적이지도 않을 수도 있다. 왜냐하면 창의는 새로운 것을 생각해내기에 앞서 문제를 바라보는 관점을 바꾸는 것이며, 융합은 다양한 학문지식을 터득하기에 앞서 자신의 전문지식을 다른 지식과 결합시키는 것이다. 즉, '창의'와 '융합'은 모두 '깊이 있는 전공지식'과 '다른 관점 및 지식에 대한 유연성'을 필요로 한다.

팀원으로서의 창의와 융합: 현대 사회는 개인이 창의적인 제품의 개발자이거나 융합적 사고의 주체인 경우는 거의 없다. 오히려 팀의 일원으로서 창의력을 발휘하고 서로의 지식을 융합해야 하는 경우가 대부분이다. 즉, 팀 내에서 주어지는 역할을 잘 수행하는 것이 성공의 지름길이다. 프로젝트로 구성된 팀이 아니더라도 사회의 구성원으로서 자신이 맡고 있는 위치에서 자신의 역할을 잘 수행할 수 있도록 '창의'와 '융합'이 교육되어야 한다.

공학봉사학습의 효과: 이런 의미에서 공학봉사학습은 창의융합적 인재를 양성하는 가장 효과적인 교육방법이라고 할 수 있다. 공학봉사학습은 팀원 모두의 전공분야에 대한 지식을 바탕으로 지역의 문화, 환경적 요소를 고려하여 지역 주민의 당면 문제를 해결하는 것이다. 공학봉사학습을 목적으로 팀

의 구성원으로서 자신의 역할을 충실히 수행하다보면 저절로 창의융합형 인재가 길러진다고 말할 수 있다.

본 교재는 학생들이 공학봉사학습을 수행할 때 길잡이가 될 수 있도록 하기 위해 만들어졌다. 각 장에서는 세부목표를 달성할 수 있게끔 교육과정을 설명하였고, 실제 활동시의 사진들을 삽입하여 이해를 높였다. 부록에는 워크북을 첨부하여 실제 활동시 활용할 수 있도록 하였다. 물론 각 장의 내용을 100% 그대로 따를 필요는 없지만, 적어도 전체 흐름을 따라가려고 노력하면 좋을 것이다.

쉬어가는 페이지: 쉬어가는 페이지의 내용은 세부미션 사이사이에 짧게 배치되어 있으며, 그 자체로 하나의 줄거리를 이룬다. 우리가 살아가는 세상은 이미 '공학화'되어 있으며, 어디서든지 공학을 발견할 수 있다. 충분히 '공학화'되어 있는 세상은 오히려 공학과 관련 없어 보일 수도 있지만, 보이는 것만 믿지 않도록 하자.

감사의 말: 마지막으로, 본 교재에 실린 대부분의 사진을 직접 카메라로 찍고 교육과정에 맞는 사진을 선별해 준 정민정, 김민정 연구원은 초안이 나오기까지 많은 도움이 되었다. 또, 본 교재의 초안을 꼼꼼하게 읽고 가치 있는 조언을 해 준 김관태, 노성미, 김지현 연구원, 그리고 공학봉사활동을 같이 수행하고 있는 인도네시아의 에코, 숩한, 드위키, 말레이시아의 다양, 헬미, 아즈나 등 여러 친구들에게 감사의 뜻을 전한다. 특히, 공학봉사학습 개념을 국내에 처음 소개하고 공학교육에 힘쓰고 계신 부산대 최재원 교수님, 본 교재가 책으로 출간될 수 있도록 힘써 주신 북스힐의 조승식 사장님께 감사를 드린다.

2014년 8월
서영봉 · 엄지인 · 임오강

차 례

소 개　같이 해요, 공학봉사

개 요　착한 드링크, 착한 도서관, 착한 식당, 착한 커피 등 최근 '착한'이라는
단어가 각종 매체에 자주 등장한다. 그렇다면, 기술이 착해진다는 것
은 어떤 의미일까? 착한 기술은 선진국에서는 이미 필요 없어졌지만
아직도 많은 곳에서 필요로 하는 기술, 저개발국의 부족한 전기, 물 등
생활에 도움이 되는 기술을 의미한다. 어떤 제품들은 기업의 이윤 창
출 목적에 맞지 않아 개발되지 못할 수도 있지만 글로벌 이슈를 해결
하기 위한 착한 기술을 만드는 착한 공학도는 반드시 필요하다.

창의충전소(Creativity Station)는 부산대학교 공학교육거점센터가 주
관하는 프로젝트 비(Project BEE(Beyond Engineering Education))
의 대표적인 프로그램으로, 동남권 12개 참여대학과 인도네시아의
EEPIS, PNB, Tel-U 대학, 말레이시아의 UTM 대학이 공동으로 참
여하는 국제융합 공학봉사 프로그램이다. 창의성 개발, 창의설계, 설
계방법론, 공학적 글쓰기 및 말하기, 현지 문화 이해 등의 '사전 교육'

고아원	KTR마을	고아원/KTR마을	TMB마을	따미아젱 마을
2010.1	2011.1	2012.1	2013.1	2013.8

부산대학교 공학교육거점센터 창의충전소 발자취

으로 교육 효과를 증대시키고, 실제 인도네시아 여러 현장에서 국제
융합팀의 다양한 공학 전공에 기초하여 현지의 문제를 찾아 해결책을
제시하고 제품을 만들어 설치하는 '공학봉사'를 수행한다.

2009년부터 지금까지 인도네시아 제2도시인 수라바야뿐만 아니라 마
두라, 따미아젱, 브로모 등 주변지역에서 진행되어 온 공학봉사설계
프로젝트의 경험을 바탕으로 매년 8월에 한국과 인도네시아 및 말레
이시아 대학생을 대상으로 창의융합형 설계교육프로그램 '창의충전
소'를 운영하고 있다.

창의충전소 포스터

프로그램의 기본성격인 공학, 봉사, 학습의 모든 면을 만족할 수 있도
록 지금도 노력하고 있다. 특히, 여러 나라의 학생들을 한 팀의 구성원
이 되도록 하여 글로벌 역량을 향상시킬 수 있는 도전적인 환경을 제
공하고 있다. 또한, 팀 단위의 창의적 문제해결을 위한 디자인적 사고
(Design Thinking) 개념을 강의실에서 지역으로 확대하였다. 공감, 정
의, 상상, 시제품, 검사의 기본 과정에 팀, 교육, 탐구, 강화를 도입하
고, 각 과정에 해당하는 미션을 구성하여 원하는 학습성과를 달성할
수 있게 하였다.

9

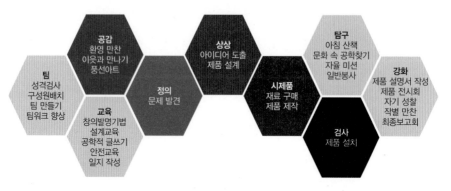

디자인적 사고에 기반한 창의적 문제해결 과정

비슷한 성격의 프로젝트를 대학이나 기관의 여건상 15주 정기 교육과정으로 편성할 수도 있고, 4주 정도의 단기 프로그램으로 만들 수도 있다. 그런데 교육기간이 길든 짧든 그 속에 녹아있는 실제 물리적인 교육시간은 크게 차이가 나지 않는다. 기존에 잘 정리된 노하우와 단계별 학습성과를 참고하여 새로운 프로젝트를 기획하여 수행한다면, 시행착오를 줄이고 원하는 학습성과를 좀 더 효율적으로 달성할 수 있을 것이다.

이러한 공학봉사의 개념은 전공봉사로 확대될 수 있으며, 이 경우 공학전공자뿐만 아니라 인문, 사회, 경제경영, 예술 등의 모든 전공의 학생들이 다학제 팀원으로 참여할 수 있다. 팀의 주제 또한 공학적인 것뿐만 아니라 지역의 사회문제, 환경 문제 등을 고려할 수 있다. 많은 대학생들이 지역사회와 저개발국의 이웃에 관심을 가지고 지역의 문제를 해결하기 위해 각자의 전공을 바탕으로 서로 협업한다면 '착한 기술'은 '착한 사회'를 만드는 출발점이 될 수 있을 것이다.

구 분 본 프로젝트는 주제별로 5개의 프로젝트로 구분할 수 있다.

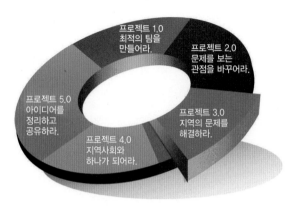

공학봉사학습 기본 구성

'프로젝트 1.0 최적의 팀을 만들어라'는 프로젝트의 기본이 되는 팀 단위의 조직 구성에 전공뿐만 아니라 특기, 성격까지 반영함으로써 최상의 팀을 만드는 것이다.

'프로젝트 2.0 문제를 보는 관점을 바꾸어라'에서는 창의발명기법 교육, 설계교육, 공학적 글쓰기 교육 등을 통하여 문제를 푸는 방법보다 문제를 다르게 보는 방법을 경험적으로 체득하게 만든다.

'프로젝트 3.0 지역의 문제를 해결하라'에서는 문제발견에서부터 아이디어 도출, 제품 설계, 재료 구매, 제품 제작, 제품설명서 작성, 제품 설치의 전 과정을 통해 지역의 주민들이 요구하고 필요로 하는 문제를 해결한다.

'프로젝트 4.0 지역 사회와 하나가 되어라'는 우리가 누구이고, 무엇을 하러 현지에 왔는지 정확하게 알리고, 지역사회와 유기적으로 협력하기 위해서 반드시 필요하다.

마지막으로 '프로젝트 5.0 아이디어를 정리하고 공유하라'는 학생들 스스로 제품을 평가하고, 아이디어를 정리하고 공유하며, 프로젝트가 연속성을 가지고 계속 될 수 있도록 만든다.

평 가 '평가'는 본 교재에 기술한 모든 미션을 수행하는 데 있어서 가장 중요한 요소이다. 모든 미션에는 '목표'가 있고, 그 목표를 수행하기 위한 '미션'이 주어지는데, 이 미션의 수행 정도를 평가하여 스탬프를 차등적으로 지급하게 된다.

아이디어 도출이나 제품 제작과 같은 구체적인 미션뿐만 아니라 '아침 미팅', '일지 작성'과 같은 매일 반복되는 일정에도 스탬프를 지급하도록 하면 전체 일정이 지연되지 않는 효과가 있다.

또, 장시간 주어지는 팀별 미션의 경우 주어진 시간을 어떻게 활용해야 할지는 각 팀에 위임하고, 정해진 시간에 과제에 대한 점검을 주기적으로 함으로써 학생들 스스로 과제수행의 과정 및 결과에 책임을 지는 주체로 만들 수 있다.

팀원 한 명이라도 불참하거나 미션 수행에 실패하는 경우에는 팀 전체에 '페널티'를 주기 때문에 학생들은 시간이 지날수록 전체 팀원의 협력을 우선으로 생각하게 된다. 이것은 팀워크 향상뿐만 아니라 전체적인 프로젝트의 성과 향상에도 도움이 된다.

매니저는 소속 팀이 미션마다 주어진 스탬프를 모두 획득할 수 있도록 조언할 수 있다. 따라서 소속 팀원들이 주어진 평가 기준을 모두 만족하는 경우에 서명하도록 한다.

매니저가 프로젝트의 성과향상에 집중하는 반면, 스태프는 전체 프로젝트 일정의 원활한 진행에 집중하게 된다. 때때로 성과와 일정 간의 마찰이 존재하게 되는데, 제한된 시간, 인력, 예산 하에서 모든 것은 교육일정이 우선이다. 스탬프는 '스태프'의 역할을 매니저와 구분 짓는 중요한 요소이며, 프로젝트가 끝난 후에 전체 팀 간의 순위를 가리는 데 중요하게 사용할 수도 있다.

구 성 교재의 각 부분은 각각의 미션마다 모두 공통적으로 개요, 시간, 질문, 목적, 준비물, 준비, 교육, 미션, 과제, 핵심, 참고로 나누어져 있다.

'개요'는 해당 미션에 대한 소개와 개략적인 내용을 담고 있다.

'시간'은 미션 수행에 소요되는 전체 시간을 표시하며, 전체 일정을 고려하여 변경 가능하다.

'질문'은 미션 진행에 앞서 학생들에게 반드시 물어봐야 할 내용이다. 이러한 질문을 통해서 학생들의 관심을 집중시키고, 호기심을 자극한다.

'목적'은 미션에서 최소한 달성해야 되는 내용으로, 목적이 달성될 수 있도록 주어진 환경을 잘 파악하고 있어야 한다.

'준비물'은 미션 수행에 필요한 재료 및 물품으로, 반드시 미션 수행 전에 준비하도록 한다.

'준비'는 학생들의 교육에 앞서 매니저가 미리 알고 있어야 되는 내용이다.

'교육'은 미션 수행에 필요한 내용을 시간 흐름 순으로 단계별로 표시하였으며, 어떤 단계에는 '팁'과 '참고 자료'를 첨부하여 교육에 도움이 되도록 하였다.

'미션'은 학생 워크북에 기술된 해당 미션과 스탬프 지급 기준에 대해 기술되어 있다.

'과제'는 해당 미션이 끝난 후 학생들 각자가 수행해야 할 과제들이다.

'핵심'은 교육 과정에서 중점을 두고 살펴보아야 할 내용이며, 실제 이와 같은 질문을 통해서 교육이 제대로 이루어졌는지 매니저가 판단해 볼 수 있다.

'참고'는 미션 수행에 참고가 되는 자료들이나 이전 활동과 관련된 내용들이다.

워크북 참가 학생들에게는 단위프로젝트의 각 미션들이 정리되어 있는 일정
표와 각 미션을 수행할 때 과제 내용을 정리할 수 있는 '워크북'이 제
공된다. 본 교재는 이러한 '워크북'을 효과적으로 이해하고, 설명하기
위한 것이다.

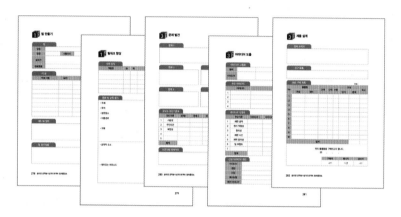

공학, 봉사 그리고 학습

‘공학봉사학습’에 대해서 누군가가 물어올 때 어떻게 설명해야 될지가 항상 고민이었다. 이심전심으로 척하면 착하고 알아들으면 괜찮은데, 대부분의 경우 자신들의 경험이나 지식에 비추어서 이해하고 만다. 돈가스 집에서 스프를 맛보지도 않고 후춧가루를 치거나, 곰탕집에서 곰탕을 맛보지도 않고 소금을 치는 것, 일식집이나 횟집에서 겨자 적당량을 바로 간장에 푸는 것과 같다.

단어가 가지는 힘은 위대하다.

대학교의 교직원과 고향에 계시는 아버지에게 몇 번 설명할 기회가 있었는데, 그들의 공통점은 공학봉사학습을 ‘봉사’의 관점에서 보는 것이었다. 우리가 가장 쉽게 접할 수 있는 자원봉사나 기부를 떠올리고 대학교 안의 기관에서 ‘봉사’ 활동에 관심을 가지는 것 자체를 낯설어하였다. 그들에게 설명할 때 어려운 점은 ‘공학’이나 ‘학습’의 관점에 대해서는 들어본 적도 없고 생각해본 적도 없다는 것이다. 학생, 교수 포함 42명이 봉사활동을 간 것에 대해서, 방문한 곳이 인도네시아라는 점에서, 전체 1억 정도의 예산이 소요됐다는 것에 놀라워한다. 사실 그 정도가 그들에게 ‘봉사’의 전부이며, 거기에 첨가된 ‘공학’이나 ‘학습’에 대해서는 설명을 해도 별로 공감하지를 못했다.

14개 참여대학에서 뽑혀 온 6명의 학생들과 이야기하는 자리에서 느낀 것은 학생들은 ‘봉사’의 관점보다 ‘공학’의 관점에서 공학봉사학습을 바라보는

15

것이었다. 학생들은 본인들이 어떤 제품을 만들어야 되는지, 각자의 전공지식이 설계, 제작 단계에서 어떻게 활용되는지를 궁금해 했다. 또한 학생들은 본인의 공학적 지식이 어떻게 '봉사'로 연결되는지에 대한 막연한 궁금증을 가지고 있었다. 한 팀당 200만원의 예산이 지원된다는 점에서, 평가를 거쳐 인도네시아에 파견될 수 있다는 점이 그들에게 매력적인 것이었다.

공학봉사단을 기획하고 조직을 만들면서 공학전공을 가진 3명의 대학원생들을 멘토로 교육할 때였다. 그들에게 공학봉사학습에 대해 설명하면서 가장 강조한 것은 '학습'에 대한 관점이었다. '공학봉사설계프로젝트'라는 정규교과목을 통하여 공대생들에게 '공학'과 '봉사'에 대한 마인드를 교육하고, 더 많은 학생들에게 전공지식을 활용하여 실제 제품을 만들어보게 하고, 국제융합캡스톤팀에 소속되어 본인의 제품을 실제로 설치해보면서 얻을 수 있는 '경험적 학습'의 효과에 대해서 이야기하였다. 3명의 멘토는 자신들이 '공학봉사학습'에서 '학습'의 키워드를 극대화시키기 위해 공학봉사단에 배치되었다는 점을 잘 이해하고 받아들였다.

모든 것은 사물을 보는 관점에 달려있다.

'공학', '봉사', '학습'은 삼각형의 세 변과 같다. 어느 한 쪽 변이 상대적으로 길어지면 삼각형의 무게중심을 잡기가 어렵다. '공학봉사학습'의 삼각형의 무게중심을 잡는 것이 수행기관의 역할이다. 삼각형의 크기는 세 변이 점점 커짐에 따라 커지지만, 삼각형이 커질수록 무게중심은 점점 잡기가 힘들어진다.

현지의 주민들에게는 '봉사'가 제일 중요할 것이고, 참여한 학생들에게는 '공학'이 중요하며, 인솔한 교수님들에게는 '학습'이 중요하다. 역설적으로 어느 한 변의 크기만 강조하다가는 삼각형이 흐트러지고 마는 것처럼 어느 한 그룹을 100% 만족시킬 수는 없다. 다만, 무게중심을 잡는 부분을 더 두꺼워지고 탄탄해지게 만들면 이전보다 더 큰 삼각형을 보다 안정적으로 지탱할 수는 있을 것이다.

삼각형보다 원이 안정적이다.

더 나아가서는 수행기관에서는 무게중심의 역할 뿐만 아니라 설계자의 역할까지 영역을 확대하여 '공학', '봉사', '학습'으로 이루어진 세 변을 직선에서 점점 곡선으로 바꾸어 하나의 완벽한 원으로 만들어나가야 할 것이다. '공학'이든, '봉사'든, '학습'이든 그 어느 키워

드라도 관심이 있는 사람은 기본으로 돌아가고 있는 '공학봉사학습'의 원 위에서 스스로 목적한 바를 이루어 나갈 수 있기를 소망한다.

Project 1 최적의 팀을 만들어라

모든 활동의 기본은 잘 만들어진 팀으로부터 시작한다. 팀을 잘 만들기 위해서는 그들의 전공, 특기뿐만 아니라 성격까지 고려해야 하고, 더 나은 효과를 얻기 위하여 초반에 그들의 팀워크를 최대화시키려는 노력을 해야 한다. 잘 만들어진 팀은 시간이 지나면 지날수록 경쟁력을 가지게 되고, 우수한 성과를 예상해 볼 수 있다. 따라서 이러한 팀을 만드는 과정을 체계화하고, 팀워크를 가속화하기 위하여 참가 학생들이 선발되면 가장 먼저 성격검사를 실시하고, 구성원을 배치하여 미리 팀을 만들어둔다. 팀 만들기와 팀워크 향상은 프로젝트가 진행되는 현장에서 초기에 수행한다.

1.1 성격 검사

개 요   프로젝트에 참가하는 모든 학생은 먼저 성격 검사를 한다. 성격 검사의 결과를 기초로 하여 각기 다른 성격이 서로 상호보완적인 작용을 할 수 있도록 팀을 만들 수 있다. 성격 검사를 시켜보면 현재 자신의 성격에 해당하는 항목을 선택하는 것이 아니라 자신이 원하는 성격 항목을 선택하는 경우가 많다. 이런 혼란이 생기지 않도록 현재 자신의 성격과 자기가 바라는 성격을 확실히 구분지어 선택해야만 한다. 성격 검사지는 자국의 언어로 되어 있는 문제지를 활용한다. 아무리 정확한 성격검사지라도 다른 나라 언어로 되어 있으면 사용하기가 어렵다. 특히, 모르는 단어가 포함되어 있는 경우라면 더더욱 성격 검사를 진행하기 어렵다. 그런데 성격 검사를 진행해서 나온 결과가 본인의 성격을 제대로 반영하지 못했을 수 있다. 이는 앞서 말했듯이 본인의 현재 성격과 희망하는 성격을 구분하지 못했을 때 나오는 결과이다. 이럴 경우 구체적인 문항으로 이루어진 검사지 외에 검사결과를 가지고 거꾸로 본인의 성격을 유추해 갈 수도 있다.

시 간   2시간

질 문   본인의 성격을 잘 알고 있는가?

장점과 단점을 알고 있는가?

다른 사람의 성격을 알고, 상대방을 이해해본 적이 있는가?

팀 단위의 활동을 해본 적 있는가?

의견 충돌이 생겼을 때, 무엇을 고려하여 해결하였는가?

목 적 참가자들의 성격유형을 파악하면, 팀을 구성할 때 상호보완이 되도록 구성할 수 있다. 그뿐 아니라 사소한 충돌이나 문제도 성격을 바탕으로 서로를 이해할 수 있다. 팀 단위의 활동에 있어서 구성원의 성격유형과 특징을 팀원들이 서로 공유하게 하여 단기간에 팀 소속감을 크게 증대시킬 수 있도록 한다.

준비물 MBTI 성격검사지, MBTI 성격유형 설명서

준 비 MBTI 성격유형에 대해서 미리 알고 있어야 한다. 성격검사지를 통해 먼저 매니저의 성격유형을 알고, 성격유형 설명서를 읽어본다.

교 육 ❶ 성격 검사 전에 먼저 학생들에게 성격 검사의 필요성을 이야기한다. 많은 학생들은 자신의 성격 특성을 잘 모르고 있을 뿐만 아니라 다른 사람의 성격 특성을 이해하려고 해 본 경험이 없다.

❷ 학생에게 'MBTI 성격검사'의 개요에 대해서 읽게 한다.

> **MBTI(Myers-Briggs Type Indicator)란?**
> C. G. Jung의 심리유형론에 근거하여 Katharine Cook Briggs와 Isabel Briggs Myers가 보다 쉽고 일상생활에서 유용하게 활용할 수 있도록 고안한 자기보고식 성격유형지표

❸ 기본적인 질문을 통해서 개인의 성격을 확인한다.

> **MBTI의 기초가 되는 심리유형 질문**
> • 본인의 성격이 외향적인가? 내성적인가?
> • 인식과정이 감각적인가? 직관적인가?
> • 판단과정이 감정적인가? 사고적인가?
> • 판단에 따르는가? 지각에 따르는가?

❹ 참가자들에게 '성격검사지'를 배포하고, 제한시간 20분을 준다. 본인이 원하는 성격유형이 아니라 현재의 성격유형을 체크하도록 주의시킨다.

❺ '성격유형 설명서'를 배포하여, 5분간 본인의 성격유형을 학생들 스스로 읽어보게 한다. 자신의 성격 검사 결과로부터 나온 해당 성격의 장점과 단점을 읽어보게 한다. 이때, 현재의 성격을 객관적인 사실로 받아들이게 한다. 이와 같은 자세는 본인의 성격뿐만 아니라 미래의 다른 팀원의 성격을 받아들일 때에 중요하게 작용한다. 내 성격상의 단점은 일반적인 기준에서의 단점일 뿐이지 어떤 업무에서는 장점으로 작용할 수 있다는 점을 이해해야 한다.

❻ 가장 많은 성격유형부터 16가지의 성격유형별로 학생들의 자리를 재배치한다.

❼ 각 성격유형에 소속된 학생들 중 한 명에게 '성격유형 설명서'에 적힌 해당 성격의 특징을 읽게 한다.

❽ 각 성격유형에 해당하는 대표 인물과 성격유형 정의를 활용하여 해당 성격그룹의 학생을 호칭한다. 예를 들어, INFJ의 경우 예언자형인 테레사수녀, 마틴루터킹과 같은 식이다.

ISTJ 세상의 소금형 한번 시작한 일은 끝까지 해내는 사람들	ISFJ 전통주의형 성실하고 온화하며 협조를 잘 하는 사람들
INFJ 예언자형 사람과 관련된 뛰어난 통찰력을 가지고 있는 사람들	INTJ 과학자형 전체적인 부분을 조합하여 비전을 제시하는 사람들

ISTP 백과사전형 논리적이고 뛰어난 상황적응력을 가지고 있는 사람들	ISFP 성인군자형 따뜻한 감정을 가지고 있는 겸손한 사람들
INFP 이상주의형 이상적인 세상을 만들어 가는 사람들	INTP 아이디어 뱅크형 비전적인 관점을 가지고 있는 뛰어난 전략가들
ESTP 수완 좋은 활동가형 친구, 운동, 음식 등 다양한 활동을 선호하는 사람들	ESFP 사교적 유형 분위기를 고조시키는 우호적 사람들
ENFP 스파크형 열정적으로 새로운 관계를 만드는 사람들	ENTP 발명가형 풍부한 상상력을 가지고 새로운 것에 도전하는 사람들
ESTJ 사업가형 사무적, 실용적, 현실적으로 일을 많이 하는 사람들	ESFJ 친선 도모형 친절과 현실감을 바탕으로 타인에게 봉사하는 사람들
ENFJ 언변 능숙형 타인의 성장을 도모하고 협동하는 사람들	ENTJ 지도자형 비전을 가지고 사람들을 활력적으로 이끌어가는 사람들

❾ 각 그룹에 소속된 학생들에게 10분간 시간을 주어 서로 실제 본인의 성격과 성격유형 설명서에 적힌 성격을 워크북에 적게 한다.

❿ 10분간 시간을 주어 해당 그룹에서 서로 자유롭게 토론하도록 하여, 다시 본인 그룹과 가장 잘 맞는 성격 유형과 가장 맞지 않는 성격 유형을 찾아보도록 한다.

⓫ 각 그룹에서 한 명씩 본인 그룹과 가장 잘 맞는 성격 유형과 가장 맞지 않은 성격 유형의 선정 이유를 발표한다.

미 션 '학생 워크북'의 미션은 다음과 같다.

> **미션 내용** MBTI 성격검사를 통해서 본인의 성격유형을 파악하고, 해당 성격의 장점과 단점을 기억하라(스탬프 1~2).

미션 성공 여부에 따른 평가 기준은 다음과 같다.

 1개: 성격검사 결과 제출
2개: 본인 성격 유형의 장·단점 이해

과 제 16가지 성격유형의 간략한 정의와 대표 인물을 모두 기억하라.
(성격 타입 – 대표 표현 – 대표 인물)

ISTJ **세상의 소금, 완벽주의자** 조지 워싱턴, 조지 부시	ISFJ **전통주의자, 보수주의자** 찰스 디킨스, 마이클 조던
INFJ **예언자, 통찰력** 테레사 수녀, 마틴 루터 킹	INTJ **과학자, 모범생** 줄리어스 시저, 제인 오스틴
ISTP **백과사전형, 관망주의자, 모험가** 톰 크루즈, 제임스 딘	ISFP **성인군자, 유유자적형** 베토벤, 마리 앙투아네트, 마릴린 먼로
INFP **이상주의자, 몽상가** 윌리엄 셰익스피어, 헬렌 켈러	INTP **아이디어 뱅크, 관조형** 아이작 뉴턴, 소크라테스
ESTP **활동가, 호인호걸형** 폴 고갱, 어니스트 헤밍웨이, 잭 니콜슨	ESFP **사교형, 낙천주의자** 골디 혼, 밥 호프, 김경식
ENFP **스파크형, 멀티태스킹** 로빈 윌리엄스, 산드라 블록	ENTP **발명가, 문제해결사** 토마스 에디슨, 알프레드 히치콕
ESTJ **사업가, 행정가, 관리자** 해리 S 트루먼, 존 D 록펠러	ESFJ **친선도모, 현대판 현모양처** 빌 클린턴, 대니 글로버
ENFJ **언변능숙형, 영향력** 로널드 레이건, 아브라함 링컨	ENTJ **지도자, 개혁가** 빌 게이츠, 우피 골드버그

핵 심 ❶ 학생들이 성격검사 후 본인의 성격을 잘 알게 되었는가?

❷ 다른 학생의 성격유형을 잘 이해하는가?

❸ 성격유형에 따른 장점과 단점을 서로 공유하는가?

❹ 16가지 성격유형 중에 어떤 성격이 가장 우월하다는 착각을 하는
학생은 없는가?

❺ 성격유형별 역할에 대해서 학생들이 동의하는가?

다음은 성격 조합을 만들기 전에 개별 성격 유형의 특징을 요약한 것이다.

주의 초점 (에너지의 방향은 어느 쪽인가?)

외향(E) Extraversion	내향(I) Introversion
• 자기외부에 주의집중	• 자기내부에 주의집중
• 외부활동과 적극적	• 내부활동과 집중력
• 정열적, 활동적	• 조용하고 신중
• 말로 표현	• 글로 표현
• 경험한 다음에 이해	• 이해한 다음에 경험
• 쉽게 알려짐	• 서서히 알려짐

인식 기능 (무엇을 인식하는가?)

감각(S) Sensing	직관(N) Intuition
• 지금 현재에 초점	• 미래 가능성에 초점
• 실제의 경험	• 아이디어
• 정확, 철저한 일처리	• 신속, 비약적인 일처리
• 나무를 보려는 경향	• 숲을 보려는 경향
• 가꾸고 추수함	• 씨뿌림

판단 기능 (어떻게 결정하는가?)

사고(T) Thinking	감정(F) Feeling
• 진실, 사실에 주관됨	• 사람, 관계에 주관됨
• 원리와 원칙	• 의미와 영향
• 논리적, 분석적	• 상황적, 포괄적
• 맞다, 틀리다	• 좋다, 나쁘다
• 규범, 기준 중시	• 나에게 주는 의미 중시
• 지적 논평	• 우호적 협조

생활양식 (채택하는 생활양식은 무엇인가?)

판단(J) Judging	인식(P) Perceiving
• 정리 정돈과 계획 • 의지적 추진 • 신속한 결론 • 통제와 조정 • 분명한 목적의식과 방향감각 • 뚜렷한 기준과 자기 의사	• 상황에 맞추는 개방성 • 이해로 수용 • 유유자적한 과정 • 융통과 적응 • 목적과 방향은 변화할 수 있다는 개방성 • 재량에 따라 처리될 수 있다는 포용성

벌레 한 마리가 날기 시작한다.

날개도 없이 눈앞에 떠 있다.

벌레는 두려움에 떨고 있다.

발의 감각보다는 눈에 보이는 정보를 믿고 있다.

벌레는 곧 시야에서 사라졌다.

우리도 보통 시각정보에 많이 의존한다.

눈이 만들어내는 착시를 인정하지 않고 눈으로 직접 보았으니 사실이라고 말한다.

눈으로 보지 못하는 것은 믿으려 들지 않는다.

그러나 정말 중요한 것은 보이지 않는 이면이다.

인간은 육안에 익숙한 나머지 심안을 잃어버렸다.

1.2 구성원 배치

개 요　본 프로젝트의 목적은 학생들로 하여금 다양한 경험을 통해 스스로 배움의 필요성을 인식시키는 것이므로 팀 구성원의 멤버가 다양할수록 좋다. 팀의 구성원을 배치하기 위해서는 성격 검사 외에 국가, 성별, 학년을 참고로 해야 한다. 최소한 다른 국가 학생들로 구성하고, 전체 성비를 고려해야 한다. 또한, 참가 학생의 전공 및 본인이 생각하는 특기까지 고려해야 한다.

같은 전공의 학생들만 모일 경우 문제를 보는 인식, 아이디어나 해결 방법 등이 지나치게 국한될 수 있다. 예컨대, 기계전공의 경우 뭐든지 새로운 것을 설계하고 만들어야 된다는 생각으로 종종 단기간에 실현 불가능한 아이디어를 내는 경우가 있다. 따라서 기본적인 성격 검사가 끝난 후에 학생들을 상대로 본인의 특기를 적어보게 해야 한다. 기계전공 학생의 특기가 의외로 문서 작성일 수도 있으며, 전자과 학생의 특기가 영어 말하기일 수도 있다. 또, 재료전공 학생의 특기가 기계공작일 수도 있는 것이므로 무조건 전공일치도만 고려하여 팀을 짜는 것은 지양해야 한다. 팀 매니저는 팀을 먼저 구성한 뒤에 배치하는 것이 좋다. 물론, 매니저의 성격검사 결과와 특기도 고려해야 한다. 지나치게 활발한 팀에게는 논리적이며 사고적인 매니저를, 조용하고 침착한 팀에게는 감성적이며 사교적인 매니저를 배치하는 것이 좋다. 팀의 기본 성격은 각 팀원이 좌우하지만, 팀의 성장 방향은 매니저에 따라 바뀌게 된다.

시 간 1시간

질 문 본인의 전공과 특기가 무엇인가?

특기를 발휘해본 적이 있는가?

본인의 특기가 프로젝트의 어떤 부분에 도움이 되겠는가?

팀원들 중에 그전부터 알고 있던 사람이 있는가?

예전에 어떤 활동에서 팀장을 해본 적이 있는가?

팀장으로서 팀을 어떻게 이끌었는가?

목 적 각 학생들의 전공과 특기가 중복되지 않도록 팀을 구성한다. 학생들은 본인이 할 수 있는 것을 명확히 구분하여 제시하도록 한다. 어떤 한 분야에 특화된 팀이 아니라 다양한 관점에서 문제해결이 가능하도록 팀원을 배치한다. 또한, 이렇게 구성된 각 팀의 잠재력을 이끌어낼 수 있도록 매니저를 배치할 수 있어야 한다.

준비물 성격검사 결과

준 비 매니저는 먼저 본인의 전공, 성격 및 특기를 정확하게 설명할 수 있어야 한다. 매니저가 어떤 방향으로 팀을 이끌 것이라는 것을 미리 생각해서 교육에 임한다. 학생들에게는 미리 본인의 특기에 대해서 생각해보게 한다.

교 육 ❶ 교육에 앞서, 먼저 매니저들에게 '쥐 6마리를 이용한 공동체 역할 분담 실험'에 대해서 이야기한다. 매니저의 역할은 각 팀의 리더와 팔로우들을 잘 지원해야 할 뿐만 아니라, 독립적인 쥐와 천덕꾸러기

쥐가 생기지 않도록 하는 것이다. 만약 그러한 학생이 생기면 그들에게 적당한 역할을 주어 낙오되는 학생이 없도록 주의해야 한다.

쥐 6마리를 이용한 공동체 내 역할분담 실험

- 쥐 6마리를 한 우리에 넣고 다음과 같은 실험을 했다. 쥐들을 한쪽 편에 모아놓고 일정 시간 굶긴 후 먹이를 제공한다. 먹이는 헤엄을 쳐서 반대편 벽으로 건너가야 구할 수 있다. 또한 그 먹이는 부피가 너무 크고, 먹이를 제공하는 장소가 비좁아서 그 자리에서는 도저히 먹을 수 없기 때문에 자신의 출발지로 돌아와야만 먹이를 먹을 수 있도록 실험적 상황을 만들었다. 실험은 5개의 우리, 총 30마리의 쥐로 구성되었다.

- 실험 결과 5개의 우리는 모두 비슷한 상황을 보였다. 2마리는 먹이를 구하기 위해 헤엄치지 않고, 다른 쥐의 먹이를 빼앗아 먹었다. 피착취자 2마리는 그 착취자들에게 먹이를 빼앗겼다. 그리고 독립적인 1마리는 먹이를 빼앗지도, 빼앗기지도 않고 자신의 힘으로 먹이를 찾아 먹었다. 마지막으로 천덕꾸러기 1마리는 헤엄도 못 치고, 먹이를 먹지도 못하였다.

- 그리고 각 우리에서 착취자 역할을 하던 쥐를 모아 한 우리에 넣었을 때, 이들 사이에서도 똑같은 구성(착취자 2마리, 피착취자 2마리, 독립적인 1마리, 천덕꾸러기 1마리)이 나타났다.

- 이 실험에서 유추할 수 있는 것은, 개인의 능력의 문제가 아니라 공동체 자체가 자신에게 포함된 개인에게 강제적으로 역할을 분담한다는 것이다.

(베르나르베르베르 『상상력사전』)

❷ 학생들에게 20분간 본인의 특기와 특기 발휘 여부, 프로젝트와의 관련성, 팀장 경험 등을 워크북에 적게 한다.

❸ 앉아있는 순서대로 학생들에게 간단히 본인의 전공과 특기에 대해 발표시키되, 각 학생별로 1분을 넘지 않도록 한다.

❹ 명확하게 발표한 학생들과 모호하게 발표한 학생을 구분하여 표시한다.

❺ 전체 발표가 끝나면, 모호한 학생들에게 5분 정도의 시간을 다시 주고, 다른 학생의 특기 발표를 참고로 하여 다시 본인의 특기를 기술하게 만든다.

❻ 본인의 특기를 다시 기술한 학생에 한하여 다시 발표를 시킨다. 이 때, 해당 학생이 매니저의 지시를 잘 이해하여 특기를 정확하게 기술했는지 반드시 체크한다.

❼ 학생들의 전공과 특기를 하나의 표에 채워놓고, 추가 셀에 성격검
사 결과와 성별을 기입한다.

❽ 학생들에게는 잠시 휴식시간을 주고, 매니저와 스태프는 팀 구성
작업을 실시한다. 만들어진 분석표를 가지고, 매니저와 상의하여
팀을 짜도록 한다. 다양한 전공, 특기, 성격, 성별이 포함되도록 유
의한다. 모든 학생이 같은 출발 선상에 설 수 있도록 배치하되, 서
로 적절하게 보완이 되고 도움이 될 수 있도록 고려해야 한다.

팀 구성 사례
- 일반적으로 외향적인 학생을 리더로 삼고, 내향적인 학생을 팀원으로
  배치한다. 또, 이런 그룹에는 사교적인 학생을 넣어 다른 성격의 팀원들
  을 연결하게 만든다.
- 보통 교내 기관의 프로젝트에 적극적으로 참가하는 학생들의 경우 외
  향적이며 사업가적인 학생들이 많다. 이런 학생들만으로 팀을 만들어도
  최소한의 성과는 보장되지만, 이 그룹에 감성적인 학생을 포함시키면
  전혀 다른 결과를 기대할 수도 있다.
- 어떤 경우 프로젝트 참가 이전에 이미 친숙한 학생이 함께 프로그램에
  참가하는 경우도 있다. 이런 경우 친숙한 학생은 서로 다른 팀에 배치
  하는 것이 좋다.

❾ 만들어진 팀 구성원의 특징을 보고, 매니저들이 맡고 싶은 팀을 선택하도록 한다. 단, 먼저 본인의 전공과 특기를 간략히 이야기하고, 본인이 왜 해당 팀에 적합한지 이야기를 들어보고 조율하도록 한다.

❿ 최종적으로 만들어진 팀과 매니저 명단을 잘 정리하여 보관하되, '팀 만들기' 단계 전까지 학생들이 볼 수 없도록 보안을 유지한다.

미 션 '학생 워크북'의 미션은 다음과 같다.

 본인의 전공, 특기, 프로젝트와의 관련성, 팀장 경험 등을 정리하여 발표하라(스탬프 1~2).

미션 성공 여부에 따른 스탬프 지급 기준은 다음과 같다.

평가 기준 1개: 특기 발표
2개: 특기 발표, 프로젝트와의 관련성 발표

과 제 본인의 특기를 활용한 일반 봉사를 생각해 보라.

핵 심 ❶ 학생들이 본인의 특기를 잘 알고 있는가?

❷ '특기'와 '취미'를 혼동하고 있지는 않은가?

❸ 학생들의 특기가 프로젝트 활동에 유용한가?

❹ 일반적인 봉사활동에 어울리는 특기는 없는가?

❺ 매니저의 역할을 이해하는가?

참 고 다음은 인도네시아 마두라 공학봉사 프로그램에서 10명의 참가 학생들을 성격과 전공, 남녀 성비를 고려하여 3팀으로 구성한 사례이다.

베이비 페이스 팀

학년	국적	성별	전공	성격	특기
3	한국	남	조선공학	ESFP	페인트, 이발
2	인도네시아	여	전기공학	INTJ	노래
4	인도네시아	남	전기공학	ESTJ	비디오 게임

깐쫑 친구 팀

학년	국적	성별	전공	성격	특기
4	한국	남	기계공학	ESTJ	용접, 요리
3	한국	남	기계공학	ISTJ	체육, 봉사
2	인도네시아	남	전기공학	ESFJ	제도

마타하리 팀

학년	국적	성별	전공	성격	특기
2	한국	남	기계공학	ESTJ	기계 제작
2	한국	여	나노공학	ESTJ	학생 인솔
3	인도네시아	남	전기공학	ESTJ	축구
4	인도네시아	남	컴퓨터공학	ENTJ	컴퓨터

태권브이가 바다에서 나오고 있다.

금방이라도 늠름한 몸과 다리를 보여줄 것 같다.

조금만 기다리면 내 앞에 우뚝 설 것 같다.

그러나 찰나의 순간에 태권브이가 멈췄다.

태권브이의 시간과 내 시간이 다르다.

태권브이에 비하면 나는 너무나 빨리 움직인다.

템포를 줄이자.

또 템포를 줄이자.

어느 순간 태권브이의 목소리를 들을 수 있을지도 모른다.

'안녕, 난 바다로 돌아가는 중이야.'

1.3 팀 만들기

개 요   프로젝트의 본격적인 시작은 팀 만들기이다. 그 전까지의 과정은 참가자들을 대상으로 기본 체력이 같은 여러 개의 그룹을 만드는 것이었다. 팀 만들기 단계에서야 비로소 각 팀은 이름, 성격, 목표 등을 가지게 된다. 그러나 새로운 인격체로 거듭나기 위해서 반드시 거쳐야 되는 과정이 있다. 각 개인은 그들이 가지고 있는 선입관을 깨고, 그들이 견고하게 쌓은 자신의 벽을 허물어야 한다. 이러한 과정의 하나로 '얼음 깨기'라는 과정을 거치게 된다.

프로젝트 초기에 모든 개인은 어디에도 소속되지 않은 채 일정한 거리를 두고 서로서로를 맴돌게 되어 있다. 따라서 자신의 존재를 드러내고 상대방의 존재를 인식하게 할 필요가 있다. 이때 적절한 것이 '믿고 뒤로 넘어지기'와 '손잡고 형태 바꾸기'가 있다. 이 얼음 깨기 단계에서는 아직까지 누가 자신의 팀원인지 알 수 없다는 데에 묘미가 있다. 작은 터치와 단발의 의사소통으로도 학생들 사이의 선입관과 벽은 쉽게 깨어진다.

팀 만들기 미션 후 모든 팀은 드디어 팀별 첫 미션을 수행하게 된다. 모든 참가자들 앞에서 각 팀의 이름을 소개하고, 동물을 이야기한 뒤 슬로건을 외치게 한다. 그 후 팀원들은 모두 이름표를 가린 채로 돌아가며 다른 팀원의 이름을 외우게 한다.

시 간 2시간

질 문 본 프로젝트에 참가하게 된 동기는 무엇인가?

다른 나라 학생들과 팀을 이루어 활동해본 적이 있는가?

팀 슬로건을 만들어본 적이 있는가?

팀원의 이름을 모두 기억하는가?

팀을 소개하는 첫 미션에 대해서 정확하게 이해했는가?

매니저의 역할이 무엇이라고 생각하는가?

미션 수행 전에 매니저의 서명을 받았는가?

목 적 프로젝트에 참가하는 순간 모든 '개인'은 그룹의 구성요소가 된다. 그룹의 기본 단위는 '팀'이며, 팀의 기본 단위는 '팀원'이다. '개인'은 우선 전체 그룹의 다른 참가자와의 거리감을 좁혀야 하며, 자신이 누구인가를 그룹에 소개해야 한다.

구체적인 미션으로 들어가기 전 모든 개인은 '팀원'이 되는 과정을 거친다. 여러 팀원은 팀의 정체성을 만들고 이름을 부여하여, 이전에는 없었던 새롭고 유일한 캐릭터를 만들게 된다. 프로젝트의 성패는 잘 만들어진 '팀'이 좌우하게 된다.

준비물 팀 만들기에 사용될 명찰 종이와 펜

준 비 매니저는 '믿고 뒤로 넘어지기'와 '손잡고 형태 바꾸기'에 대해서 정확히 이해하여 학생들에게 지시할 수 있어야 한다. 본인이 맡게 될 팀에 포함된 학생들의 이름, 소속, 성격, 특기 등을 정확히 알고 있어야 한다. 또한, 팀 만들기의 최종 미션에서 학생들이 수행해야 될 내용(팀명, 동물, 슬로건)에 대해서 이해하고 있어야 한다.

교 육 ❶ 워크북의 미션 개요를 큰 소리로 읽게 한다. 뒤에 있는 학생까지 소리가 들리도록 반드시 '간이 마이크'를 활용하여 지시한다.

❷ 참가 학생들을 국적으로만 구분하여 5명씩 2열로 줄을 세운다. 참가 학생이 많은 경우 2열로 여러 줄을 만들도록 하되, 반드시 양팔 간격으로 넓게 설 수 있도록 지시한다.

❸ '믿고 뒤로 넘어지기'에 경험이 있는 매니저를 두 명 골라서 학생들 정면에 세운 뒤에 시범을 보인다. 성공했으면, 앞사람과 뒷사람이 서로 위치를 바꾸어 한 번 더 '믿고 뒤로 넘어지기'를 수행한다.

> **믿고 뒤로 넘어지기**
> - 넘어지는 사람은 반드시 앞 사람과의 간격을 최소 1m 이상 유지한다. 발이 움직이지 않게 주의하며 허리가 곧게 펴진 일자 모양의 상태로 뒤로 넘어가야 한다.
> - 뒤에서 떠받치는 사람은 한쪽 다리를 앞으로 내밀어 굽힌 상태로 양손을 사용하여 넘어지는 앞사람을 안전하게 떠받치도록 한다.

❹ 정면을 마주보고 선 학생들을 모두 '오른쪽'으로 돌게 한다. 뒷사람은 앞사람과의 간격을 유지한 채 앞사람을 떠받칠 준비 자세를 취한다. 매니저의 구령에 맞추어 앞사람은 몸에 힘을 빼고 뒤로 넘어진다.

❺ 이제 모두 뒤로 돌게 한다. 4번과 마찬가지로 '믿고 뒤로 넘어지기'를 반복한다.

❻ 다음으로 '손잡고 형태 바꾸기'를 하기 위하여 10명씩 양손을 잡고 원을 만든다.

손잡고 형태 바꾸기
- 참가 학생 모두가 원의 안쪽을 보는 첫 번째 형태를 '형태 1'이라 정해 준다. 다음으로 모두가 양손을 푼 채로 뒤로 돌게 한다. 다시 학생들이 모두 바깥을 보는 상태로 양손을 맞잡게 하고, 이것을 '형태 2'라 정해 준다.
- '형태 1'이라고 외치고, 학생들이 '형태 1'을 유지하도록 만든다. 양손을 잡은 것을 유지하면서 '형태 2'로 바꾸도록 지시한다.
- '형태 2'에서 양손을 잡은 것을 유지하면서 '형태 1'로 형태를 바꾸게 한다.

형태 1

형태 2

❼ 모든 그룹이 원활하게 형태 1과 형태 2를 자유롭게 바꿀 수 있을 때까지 손잡고 형태 바꾸기를 반복한다. 이때 원을 만든 학생들은 적극적인 의사소통을 통하여 형태를 바꿀 수 있어야 한다.

❽ 얼음 깨기가 끝나면 학생들을 중앙으로 다시 불러들인다. 마이크를 사용하여, 각각의 팀원과 매니저를 발표한다. 한 시간 후 바로 같은 자리에서 미션 수행이 있다는 사실을 공지한다.

❾ 호명된 팀원들과 매니저는 가까운 장소를 골라 자유롭게 '팀 만들기' 미션을 수행한다. '팀 만들기' 미션은 먼저 소속 팀원이 서로를 자유롭게 소개하는 것으로 시작한다. 이제 더 본격적인 터치와 의사소통을 통해 모든 팀원의 성격과 특기, 참가 동기를 공유하고, 또 하나의 정체성을 가진 인격체가 된다. 그들을 다른 팀과 구분 짓기 위해서 먼저 팀 이름을 정하게 한다.

❿ 팀 이름이 정해지면 팀의 특징을 보여주는 동물을 정하게 하고, 팀의 목소리라고도 할 수 있는 슬로건을 만들게 한다. 이 과정에서 자연스럽게 리더인 '팀장'이 정해지고, 팀의 성격이 드러나게 된다. 이때 매니저는 직접 개입할 필요는 없지만, 팀 만들기의 과정을 적극적으로 모니터링 할 필요가 있다.

⓫ '팀 만들기'가 끝난 팀은 먼저 매니저 앞에서 미션을 수행하도록 한다. 매니저는 미션 점검에 앞서 소속 팀원들의 워크북을 점검한다. 워크북에는 '개인 소개', '팀원 정보', '팀 정보' 등 학생들이 적어야 할 주요 내용들이 있다. 작성 내용을 꼼꼼하게 살핀 후, 소속 팀의 미션 수행 내용을 확인하고 서명을 하도록 한다. 매니저의 서명을 받은 팀만이 미션을 수행할 수 있도록 하여 매니저의 역할을 학생들에게 인식시킨다.

⓬ 매니저의 서명이 끝난 팀은 '본부'의 미션 수행이 있는 곳으로 간다. 본부에 도착한 순서대로 '팀 만들기' 최종 미션을 수행한다. 최종 미션 수행은 모두가 모여 있는 장소에서 이루어진다. 다음 차례의 팀들은 조용히 상대팀의 미션 수행하는 모습을 지켜본다.

팀 만들기 최종 미션 수행 요령

- 미션을 수행하는 팀의 팀장은 먼저 팀명을 이야기하고, 해당되는 팀명을 만들게 된 이유를 설명한다.
- 팀 동물을 이야기하고, 해당되는 동물을 정하게 된 이유를 설명한다.
- 다음으로 팀에서 만든 슬로건을 당당하게 외치도록 한다.
- 최종 확인 내용으로, 해당 팀은 본인의 명찰을 뒤로 돌려놓고, 팀원들이 볼 수 없게 만든다. 이 상태에서 팀원이 돌아가며 자신을 제외한 팀원들의 이름을 큰 소리로 호명하게 한다.
- 모든 팀원이 팀원들의 이름을 전부 기억해서 말할 수 있으면 '미션 완성'을 선언하고, 같이 대기하고 있던 스태프가 워크북에 스탬프를 찍는다.

⓭ 모든 팀이 미션을 마무리할 때까지 다른 팀은 그 자리에서 대기한다. 미션 수행이 실패로 끝난 팀은 모든 팀이 다 도전한 후 다시 도전할 기회를 가진다. 다만, 이 경우 스탬프 하나를 차감한다. 두 번째 실패 이후에는 더 이상 스탬프를 차감하지 않는다.

미 션 '학생 워크북'의 미션은 다음과 같다.

> **미션 내용** 각 팀은 팀명, 팀장, 팀 동물, 슬로건을 정하고 지정된 장소에서 슬로건을 외쳐라(스탬프 1~3).

미션 성공 여부에 따른 스탬프 지급 기준은 다음과 같다.

> **평가 기준** 1개: 팀명, 팀장, 팀 동물 소개하고, 슬로건 외치기
> 2개: 명찰 가린 후 팀원 이름 외우기 두 번 이상에 성공
> 3개: 명찰 가린 후 팀원 이름 외우기 한 번에 성공

과 제 팀원들이 다 같이 부를 수 있는 노래나 춤을 선택하여 연습한다(이때 연습한 노래나 춤은 이후 많은 활동의 중간마다 프로젝트에 활력을 불어넣는 데 사용될 것이다).

핵 심 ❶ '얼음 깨기' 이전과 이후의 학생들 사이의 거리감은 어떠한가?
❷ 팀 만들기 이전의 학생들과 이후의 학생들이 어떻게 달라져 있는가?
❸ 팀의 팀장은 팀원의 의견을 잘 조절하고 이끌고 있는가?
❹ '팀명', '동물' 그리고 '슬로건'은 팀의 특성을 잘 반영하고 있는가?
❺ 최초의 미션 종료 후에 학생들이 워크북에 찍힌 실제 '스탬프'를 보고 어떤 반응을 보이는가?

참 고 팀별로 간단하고 쉽게 부를 수 있는 노래 몇 곡을 첨부하였다.

> **곰 세 마리 (Korean)**
> • 곰 세 마리가 한집에 있어

- 아빠곰 엄마곰 애기곰
- 아빠곰은 뚱뚱해
- 엄마곰은 날씬해
- 애기곰은 너무 귀여워
- 으쓱으쓱 잘한다

Three Bears (English)

- Three bears living in one house
- Daddy bear, mommy bear, baby bear
- Daddy bear is fat, fat, fat
- Mommy bear is skinny
- Baby bear is so much cute
- Smile smile, there you go

Gundhul, Gundhul Pacul (Javanese)

- Gundhul–gundhul pacul cul gembelengan
- Nyunggi–nyunggi wakul kul gembelengan
- Wakul ngglimpang segane dadi sak latar
- Wakul ngglimpang segane dadi sak latar

A Little Boy with No Hair (English)

- A little boy with no hair
- Carrying a rice basket on his head
- The rice basket fell down, the rice was all over the ground
- The rice basket fell down, the rice was all over the ground

Teman chingu

- Teman chinggu, teman chinggu
- We are friends, we are friends
- Lalalalalala Lalalalalala
- Nice to meet you, Nice to meet you

동물 농장 (Korean)

- 닭장 속에는 암탉이 (꼬꼬댁)
- 문간 옆에는 거위가 (꽥꽥)
- 배나무 밑엔 염소가 (음매)
- 외양간에는 송아지 (음매)
- 오 히 야하 오 오오
- 오 히 야하 오 오

Animal Farm (Javanese)

- Ayam berkokok di kandang~ "Kukuruyuk~"
- Bebek berkotek di samping "Kwek Kwek~"
- Kambing ikutan mengembik "mek~ mek~"
- Sapi juga ada di kandang~ "mu~~~~~mmuu~~"
- Oh~~ he~~ ah ha~~ ohohoh
- Oh~~ he~~ ah ha~~ ohohoh

스트레스와 춤을

싸이가 태엽장난감이 되었다.

내가 원하기만 하면 싸이는 나를 위한 단독공연을 펼친다.

10초 동안 나는 싸이와 춤을 춘다.

스트레스 쌓일 때 해소법을 찾지 말고 원형 그대로 보존하자.

고민거리들은 숙성시간이 필요하다.

금방 해결될 문제 따위에게 상처받지 말자.

충분히 고민하고 나면 스트레스는 눈에 보이기 시작한다.

눈에 보이면 손에 잡히고, 손에 잡히면 버릴 수 있다.

버리기 전에 마지막으로 스트레스와 춤을 추자.

싸이의 강남스타일에 맞추어.

1.4 팀워크 향상

개 요 팀 만들기를 통해 '이름', '동물', '슬로건'을 가지게 된 팀원들이 본격적으로 서로에게 친해지는 시간을 만들어줘야 한다. 이 과정은 서로를 좀 더 이해하고 팀원으로서 인정할 수 있는 계기를 만들어주는 단계이다. 전체 프로젝트의 시간이 부족한 상황인 경우 다른 단계의 시간을 줄일지라도 팀워크 향상 단계의 시간을 줄여서는 안 된다. 이 단계를 소홀히 하면 남은 모든 단계가 위태로울 수 있다. 팀워크를 향상시키기 위해서 공연 보기, 전시관 관람, 영화 감상, 특정 장소 방문 등 해당 지역의 '문화 속 공학 찾기'와 같은 프로그램을 실시한다. 참가팀이 많고, 해당 지역이 도시에 인접해 있을 경우 팀별로 자율적으로 미션을 정해 수행하게 하면 팀워크 향상에 효과적이다.

활동 지역이 도시와 멀어 '문화 속 공학 찾기'가 어려운 경우 인간 지뢰 찾기, 물공 넘기기, 3인2각 달리기, 줄로 양초 옮기기, 어둠 속의 알파벳, 탑 높이 쌓기, 달걀 떨어뜨리기와 같은 미니 게임을 실시할 수도 있다. 이러한 게임들은 넓은 장소와 게임 진행요원 등이 필요하지만, 단기간 집중적으로 시행할 경우 상당한 팀워크 향상의 효과가 있다. 기본적으로 획득하게 되는 스탬프의 개수 외에 특별한 부상을 수여함으로써 팀원들이 최초로 팀으로서 노력한 결과에 대한 보상을 해줘야 한다. 보상받은 그룹과 보상받지 못한 그룹을 확실히 구분함으로써 앞으로의 모든 미션 수행에 따르는 보상에 대한 욕구를 강화시키는 계기를 만들어야 한다.

시 간 12시간

질 문 팀워크는 어디에서 나온다고 생각하는가?

'문화 속 공학 찾기'의 규칙을 정확하게 숙지하였는가?

규칙을 어겼을 경우의 불이익에 대해서 정확하게 알고 있는가?

'문화 속 공학 찾기'가 팀워크 향상에 도움이 되었는가?

우승팀은 다른 팀에 비해서 팀워크가 더 있어 보이는가?

목 적 팀워크 향상은 팀의 능력치를 끌어올리는 일이다. 각각의 팀은 서로 다른 개성을 가진 '팀원'들로 이루어져 있기 때문에, 무한한 잠재력을 가진 반면 아직 제대로 하나로 움직이기는 어렵다. 팀 내에서의 서로 다른 의견이 잘 조화되고, 하나로 뭉쳐져서 최상의 결과를 이끌어내야 한다. 본 프로젝트는 시간을 두고 팀워크가 이루어지도록 기다릴 수 있을 만큼 장기적 프로그램이 아니기 때문에 더욱더 이러한 팀워크 향상 단계가 중요하다.

준비물 그룹 구별을 위한 색깔 손수건

팀명, 본인의 닉네임이 적힌 명찰

수행기관에서 지급된 단체복, 간이 마이크, 스탬프

준 비 매니저는 '문화 속 공학 찾기'의 규칙을 정확하게 알고 있어야 한다. 먼저 출발한 팀이 가지게 되는 장점을 이해하고, 소속팀에게도 장점을 한 번 더 확인시켜야 한다.

교 육 ❶ 각 팀에서 한 명씩 뽑아서 '가위바위보'로 순서를 정하게 한다. '가위바위보'에서 이긴 팀부터 미니게임에 도전할 기회를 갖는다.

❷ 미니게임을 1분 안에 성공한 팀부터 먼저 출발한다. 출발시점부터 방문장소, 이동경로, 수행과제 등을 각각 팀에서 자율적으로 정하여 이동한다.

❸ 문화 속 공학 찾기 보고서 작성에 사용될 자료를 수집하고, 사진을 찍는다.

❹ 팀 내의 논의를 통해 최소 두 페이지 이상의 보고서를 완성한다.

❺ 잘 만들어진 보고서에 대해 특별 선물(과일, 스낵, 기념품 등)을 지급하여 노력에 대한 보상을 한다.

미 션   '학생 워크북'의 미션은 다음과 같다.

 각 팀은 문화 속 공학 찾기를 수행하라.
(스탬프 1~3)

미션 성공 여부에 따른 스탬프 지급 기준은 다음과 같다.

 1개: 문화 속 공학 찾기 보고서 제출
2개: 제한시간 내 문화 속 공학 찾기 보고서 제출
3개: 우수 보고서로 선정

과 제   다른 팀의 문화 속 공학 찾기 내용을 3개 이상 수집하라.

핵 심   ❶ 문화 속 공학 찾기에 대한 이해가 충분히 되었는가?

      ❷ 주어진 시간을 잘 준수하였는가?

      ❸ 문화 속 공학 찾기 전후로 팀워크가 향상되었는가?

      ❹ 매니저는 학생들을 잘 보호하여 팀을 적절하게 이끌었는가?

참 고   다음은 문화 속 공학 찾기의 예시이다.

문화 속 공학 찾기

- 업사이클링 제품 찾기: 지역 주민들이 직접 재활용 가능한 재료들을 이용하여 실생활에 재사용하고 있는 제품들을 조사하고, 개선점을 논의
- 엑스포에서 공학 찾기: 다양한 전시와 공연으로 가득한 엑스포에서 본인의 전공과 관련 있는 공학적 요소를 찾고, 공학봉사와의 관련성을 연구
- 지역 다리 탐방: 섬과 섬을 잇는 다리, 강을 건너기 위한 다리 등 지역에 존재하는 다리 구조물의 형태와 문화적 배경 등을 분석
- SF 영화에서 공학 찾기: 아이언맨의 수트 제작에 사용되는 재료들을 분석하고, 실제 생활에 적용가능성을 분석하여 '아이언맨의 하루'를 제시

<더 테러 라이브> '기술'이 여러 사람들이 아닌 특정 사람의 목표를 위해 '악용'된다면, 그 대가는 결코 작지 않다는 것을 영화에서 그려냈다.

<교량의 구조와 공학적 해석> 책의 예제와는 달리, 고려해야 할 요인이 너무 많았다. 공학적 해석에서 어려움이 있었고 역학 공부의 필요성을 느꼈다.

출처: 더 테러 라이브(The Terror, LIVE, 2013), 씨네2000, 롯데엔터테인먼트

참　고　다음은 팀워크 향상에 도움이 되는 미니게임을 정리한 것이다.

- 인간 지뢰 찾기: 지뢰 찾기 게임판을 모든 팀원이 통과해야 하는 게임.
- 물공 넘기기: 상대팀의 진영이 보이지 않는 네트 너머에서 불시에 넘어오는 물공을 팀원 모두가 협력하여 받아내고, 다시 상대 진영으로 넘기는 게임.

인간 지뢰 찾기

물공 넘기기

- 3인2각 달리기: 긴 나무판 위에 각각 왼발과 오른발을 올리고, 나무판에 달린 줄을 손으로 잡은 채로 걸어가는 게임.
- 줄로 양초 옮기기: 양초에 여러 갈래의 줄을 연결하여 팀원이 줄을 당기는 힘의 균형을 이용하여 양초를 지정 장소로 옮기는 게임.
- 어둠 속의 알파벳: 팀장 외의 팀원은 모두 눈을 가리고 줄을 잡고 서면, 팀장의 명령에 따라 위치를 이동하여 특정 알파벳을 완성하는 게임.

3인2각 달리기

줄로 양초 옮기기　　어둠 속의 알파벳

- 탑 높이 쌓기: 주어진 재료만을 이용하여 주어진 짧은 시간 내에 상대팀보다 더 높이 쌓는 게임.
- 달걀 떨어뜨리기: 주어진 재료만을 이용하여 높은 곳에서 달걀이 떨어져도 깨지지 않도록 달걀을 포함한 구조물을 제작하는 게임.

깡통로봇의 반란

거대로봇이 지배하는 밀키웨이 은하계에 새로운 신흥강자가 나타났다.

통통이와 깡통이로 불리는 두 로봇은 로봇계의 조상님으로 인식되는

그레이트 마징가의 뿔을 살짝 말아올려 300만 볼트의

썬더브레이크를 무력화시키는 쾌거를 이루었다.

그들이 지구로부터 약 220만 광년 거리에 있는

안드로메다 은하에서 왔다는 이야기는 공공연한 비밀 중 하나일 뿐이다.

Project 2 문제를 보는 관점을 바꾸어라

우리는 주어지는 문제에 익숙해 있고, 정해져 있는 정답을 맞히도록 훈련되어 있다. 이러한 기존 교육의 관성은 본 프로젝트를 효율적으로 진행시키는 데에 방해요소로 작용한다. 우리 프로젝트에서는 참가자들이 문제가 무엇인지 찾아볼 수도 있어야 하고, 그 문제가 전체 시스템에서 어떻게 작용하는지도 고려해야 한다. 그러나 기존의 관성을 벗어나 새로운 개념을 학생들에게 안내하는 것은 상당히 어렵다.

그래서 좀 더 효과적인 교육방법의 필요성이 대두된다. 창의적 사고를 바탕으로 주어진 문제에 대해 해결 가능한 다양한 방법을 생각해 볼 수 있도록 창의발명기법을 교육한다. 그리고 스스로 문제를 찾고, 문제가 속한 시스템을 고려하여 해결책을 제시하는 설계기법을 교육한다. 제품설명서를 공학적 글쓰기 개념에 기초하여 작성할 수 있도록 공학적 글쓰기 기법을 교육하고, 현지에서의 기본적인 안전수칙과 전기 안전교육을 실시한다. 또, 현지 주민을 만나고 소통하고, 아이들과 좀 더 쉽게 가까워질 수 있도록 언어교육과 풍선아트 교육을 실시한다.

개 요 공대생들은 어떤 문제가 주어지면 그 문제를 풀기 위한 고민을 시작한
다. 현실의 대부분의 문제는 체계화된 정답이 없는 경우가 많다. 따라
서 정답에 가까운 차선이 해답이 될 수 있는데, 차선은 의미 그대로 수
없이 많은 해답 중에 하나를 고르는 일이다. 정답이 있는 문제를 푸는
정해진 규칙에 익숙하다보니 난관에 부딪치면 문제 풀기를 포기한다.
문제의 해답이 정해지지 않은 상태에서 최선의 해답을 도출하라는 것
은 새로운 도전이다. 먼저 참가한 모든 학생들과 매니저는 TRIZ에 대
한 강의를 듣는다. 전문 강사가 있는 경우에는 그를 초빙하여 2시간에
서 4시간 사이의 단기강좌를 듣는 것이 좋다. 단기강좌는 TRIZ의 기
본원리뿐만 아니라 실제 응용사례까지 포함하여 구성되도록 요청해
야 한다. 만약 전문 강사를 초빙할 수 없는 경우라면 최소한 TRIZ에
대해서 언급하고 넘어가는 것이 좋다. 이 경우 미리 준비된 시나리오
를 활용하여 교육하도록 한다.

시 간 3시간

질 문 TRIZ에 대해 들어본 적이 있는가?
창의발명기법에 대해 들어본 적이 있는가?
발명 원리란 용어에 대해 어떻게 생각하는가?
창의적 사고는 왜 필요한가?

TRIZ 원리를 이해하기 쉬운가?

문제를 풀기 어려운 경우 문제 자체를 바꾸어본 적이 있는가?

문제를 보는 관점을 바꾸어본 적이 있는가?

기린을 냉장고에 넣는 방법을 아는가?

목 적 참가 학생들에게 '창의발명기법 원리'인 'TRIZ'에 대해 알려주고, 간단한 과제를 통해서 해당 원리를 찾아보도록 한다. 이를 통해서 학생들은 문제가 주어지면 바로 해답을 찾으려고 하는 것이 아니라 적용 가능한 발명원리를 찾아보게 될 것이다. 그렇게 함으로써 한 문제에 대한 다양한 해결책을 제시하게 하고 토론하게 한다. 궁극적으로는 문제 자체가 포함된 시스템까지 고려하여 해당 문제가 왜 문제로 도출되었는지 이해하게 한다. 그리고 몇 가지 조건을 바꾸어 다른 문제로 바꾸어보게 함으로써 문제를 보는 관점을 바꾸는 훈련을 시킨다.

준비물 창의적 사고의 필요성 발표 자료, TRIZ 40 원리 설명서

준 비 TRIZ 40 원리에 대해서 이해하고, 간단히 설명할 수 있는 예제들을 찾아둔다. 발표 자료를 컴퓨터에 복사해서 발표 준비를 하되, 학생들에게 발표 자료를 공개해서는 안 된다. 특히, 실수로라도 다음 페이지로 넘어가지 않도록 주의한다.

교 육 ❶ 교육에 참가한 학생들 중 맨 앞줄의 학생에게 '미션 개요'를 읽게 한다. 다른 학생들은 전체적인 미션에 대한 설명 및 배경 설명을 반드시 집중하여 경청하도록 한다.

❷ 다음으로 '기린을 냉장고 안에 넣는 방법', '코끼리를 냉장고 안에 넣는 방법', '사자가 소집한 회의에 참석하지 않은 동물은 누구인가', 그리고 '악어 떼가 살고 있는 강을 안전하게 건너는 방법'의 4가

지 질문을 활용하여 '창의적 사고의 필요성'과 문제 해결 방법의 '과정'에 대해서 설명한다. 이 4가지의 질문을 '넌센스' 문제라고 오해해서는 안 된다. '넌센스'는 단어 의미 그대로 '말이 안 되는 비상식적인 문제'이다. 오히려 이 질문들은 상식적으로 해결 가능한 방법들을 찾는 과정을 보여준다. 전체 시스템을 고려해나가면서 실제 아이디어만으로 그치는 것이 아닌 해결 가능한 방법을 '과정'으로 제시하고 있다.

기린을 냉장고 안에 넣는 방법은?
- 정답은 '냉장고 문을 연다. 기린을 냉장고에 넣는다. 냉장고 문을 닫는다'인데, 이미 답을 아는 학생들이 많을 것이다.
- 이 질문은 학생들이 간단한 문제를 복잡하게 생각하는 경향이 있는가를 알아보는 질문으로, 해답을 '프로세스(과정)'로 답할 수 있게끔 유도하기 위한 것이다.

코끼리를 냉장고 안에 넣는 방법은?
- 정답은 '냉장고 문을 연다. 기린을 뺀다. 코끼리를 넣는다. 냉장고 문을 닫는다.'이다.
- 이 질문은 앞선 문제와 반복되지만, 기린을 아직 냉장고에서 빼지 않았다는 사실이 다르다. 즉, 같은 문제지만 문제를 풀어야 하는 상황이 바뀐 것이다.

사자가 소집한 회의에 참석하지 않은 동물은?
- '동물의 왕' 사자가 전체 동물 회의를 소집하였다(또는 사자의 생일이라고 가정해도 된다).
- 이때 모든 동물들이 다 참석하였는데, 어떤 한 동물이 참석하지 않았다. (감히 동물의 왕이 부르는데, 어떤 건방진 동물이 겁을 상실하고 참석하지 않은 것이다.) 이 동물이 누구인지 학생들이 이야기하게 한다.
- 이 동물은 다름 아닌 코끼리다. 왜냐하면 코끼리는 여전히 냉장고 안에 있기 때문이다.

- 즉, 해당 문제를 풀기 위해서는 전체 시스템의 상황을 기억하고 있어야 된다.

악어 떼가 살고 있는 강을 안전하게 건너는 방법은?
- 마지막 질문은 학생들이 강을 건너야 하는 상황인데, 그 강에는 악어 떼가 살고 있어서 위험하다. 이때 어떻게 강을 건너갈 수 있을까에 대한 것이다.
- 정답은 '그냥 헤엄쳐 가면 된다'이다. 왜냐하면 악어 떼는 이미 사자가 소집한 회의에 참석하러 가서 강에 없기 때문이다.
- 즉, 이 문제 또한 전체 시스템 환경을 고려해야 풀 수 있는 문제이며, 앞선 문제에서 범한 단순히 해결책만 찾으려 했던 실수를 반복하지 않아야 된다는 것을 강조한다.

❸ 창의적 사고를 도와주는 도구로써의 TRIZ에 대해 참여 매니저를 예로 들어 설명한다.

창의적 사고를 도와주는 도구로써의 TRIZ
- 매니저 A와 같은 감정형(Feeling) 인간은 이런 원리를 몰라도 이미 창의적인 사고를 하고 있을 가능성이 크지만, 매니저 B와 같은 논리적 (Thinking) 인간이 이런 원리를 알면 창의적 사고를 하는 데 도움이 된다. 즉, TRIZ 원리는 창의적 사고를 도와주는 도구의 역할을 한다.

❹ TRIZ 원리를 만들게 된 배경과 정의를 간략히 설명한다.

> **TRIZ 원리와 배경**
> - 러시아의 슐츠 교수는 200,000여 가지 발명들 중에서 40,000가지 발명과 관련된 특허를 따로 분류하여 발명의 원리를 정리하였다.
> - 세상의 어떤 발명 원리도 그가 정한 40가지 원리에 포함되어 있으므로 우리는 한 문제에 대해서 최대 40가지 방향으로만 고민하면 된다.
> - 그가 정한 '모순행렬'을 활용할 수도 있겠지만, 모순행렬을 적용하는 것은 좀 더 전문가 집단에서 장기적으로 분석해야 하는 경우로 한정하는 것이 좋다.

❺ 40가지 원리를 기억하고 쉽게 찾아볼 수 있도록 TRIZ 카드를 나누어준다. 시간이 충분히 주어진다면 TRIZ의 40가지 원리에 대해서 모두 하나하나 읽어보고 지나가는 것이 좋다. 자칫 지루해지기 쉬우므로 해당 정의는 학생들에게 읽게 하고, 관련 제품을 언급하여 주는 것으로 진행한다.

TRIZ 40가지 원리

1	세분화	2	특성추출
3	현지화	4	비대칭

5	통합	6	다기능
7	겹쳐놓기	8	상쇄시키기
9	사전반대조치	10	사전준비조치
11	사전예방조치	12	동일 수준
13	반대로 하기	14	곡선화
15	역동성	16	많거나 적게 조치
17	다른 차원	18	기계적 진동
19	주기적 조치	20	유용한 조치의 지속 유지
21	신속처리	22	단점의 장점 전환
23	피드백	24	중개인 활용
25	셀프서비스	26	복사
27	일회용품	28	다른 감각, 방식 대체
29	유동성, 유연한 조직	30	얇은 조직, 막 활용 차단
31	다공성	32	이미지 변화, 투명성
33	동질성	34	버리거나 혹은 재생
35	특성 변화	36	국면 변화
37	상호관계 변화	38	활성화
39	비활성화	40	구조, 상품 복합화

❻ 앉은 자리를 기준으로 몇 명씩 짝을 지어 몇 개의 그룹을 만든다. 라이터를 먼저 보여주고, 해당되는 TRIZ 원리를 찾아보게 한다. 5분 정도 토론하게 한 후 몇 팀들로부터 해당되는 원리를 이야기하게 한다.

35. 특성 변화
14. 곡선화
23. 피드백

18. 기계적 진동

❼ 다음으로 20분 정도의 시간을 주고 '섬유가 타지 않는 다리미' 제작 아이디어를 TRIZ 원리에 근거하여 토론하고 도출하게 한다. 모든 팀들에게 어떤 원리에 근거하여 어떤 다리미를 만들면 좋을지 물어본다. 모든 팀의 아이디어를 다 들어본 후 해답을 공개한다. 각 제품에 해당하는 TRIZ 원리를 하나하나 언급하도록 한다.

섬유가 타지 않는 다리미
- 스팀다리미는 2번 특성추출, 35번 특성 변화, 공중부양 다리미는 8번 상쇄시키기, 무게중심이동 다리미는 25번 셀프서비스 원리를 활용했다.
- 모두 현재 시중에 판매되고 있는 제품이다.
- '섬유가 타지 않는 다리미' 설계 문제에 대한 해답으로 '구김이 없는 형상기억 섬유'로 옷을 만들 수도 있다.
- 다리미 개발 관점에서 다리미를 개발하는 것이 아니라 다리미가 필요 없는 다른 관점에서의 아이디어를 도출한 것이다. 이 해결책은 문제를 보는 관점을 바꾸게 하는 중요한 예로 활용될 수 있다.

| 스팀다리미 | 공중부양 다리미 | 무게중심이동 다리미 |

❽ 'Turn on Your IDEA' 문구를 보여주는 것으로 교육을 마무리한다.

Turn on Your IDEA
- 창의적인 사고는 '문제를 보는 관점'을 바꾸고, 문제가 포함된 시스템을 고려하는 시도를 하는 것으로 정의할 수 있다.
- 창의적인 사고를 좀 더 편리하게 도와주는 도구가 'TRIZ 원리'이다.

미 션 '학생 워크북'의 미션은 다음과 같다.

미션 내용 어머니를 위해서 섬유가 타지 않는 다리미에 대한 아이디어를 TRIZ 원리를 활용하여 도출하라(스탬프 1~2).

미션 성공 여부에 따른 스탬프 지급 기준은 다음과 같다.

평가 기준 1개: TRIZ 원리를 활용하지 않은 다리미 아이디어 도출
2개: TRIZ 원리를 활용한 다리미 아이디어 도출

과 제 다음 교육 때까지 TRIZ 40가지 원리를 모두 기억하고, 주변에 있는 최소한 5개 이상의 제품을 골라 적용된 TRIZ 원리를 찾아보게 한다.

핵 심 ❶ '창의적 사고의 필요성' 자료로부터 창의적 사고의 필요성을 인식하는가?

❷ '기린을 냉장고에 넣는 방법'에 대한 자료로부터 문제를 보는 관점을 바꾸는 것에 대해서 동의하는가?

❸ 보는 관점에 따라 다양한 TRIZ 원리가 적용될 수 있고, 모두가 다 해답이 될 가능성이 있다는 것을 이해하는가?

❹ TRIZ 원리를 문제해결(다리미 개발)에 활용하는가?

❺ TRIZ 원리는 '창의적인 사고'를 도와주는 도구라는 것을 이해하는가?

참 고 다음은 TRIZ 40가지 원리가 적용된 제품에 대한 자료이다.

01 세분화, 분업, 쪼개기
(Segmentation)

02 특성추출, 제거(Taking out)

03 현지화, 맞춤형(Local quality)

04 비대칭, 차별화(Asymmetry)

05 통합, 융합(Merging)

06 다기능, 표준화(Universality)

07 겹쳐놓기(Nested doll)

08 상쇄시키기(Anti-weight)

09 사전반대조치(Preliminary anti-action)

10 사전준비조치(Preliminary action)

11 사전예방조치 (Beforehand cushioning)

12 동일 수준, 눈높이 맞추기 (Equipotentiality)

13 반대로 하기, 거꾸로 하기
(The other way round)

14 곡선화, 되돌림
(Spheroidality−Curvature)

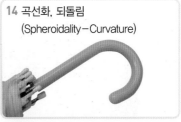

15 역동성, 가변성, 변동성
(Dynamics)

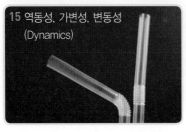

16 많거나 적게 조치, 할인과 덤
(Partial or excessive actions)

17 다른 차원, 새로운 차원
(Another dimension)

18 기계적 진동(Mechanical vibration)

19 주기적 조치, 특정 기간
(Periodic action)

20 유용한 조치의 지속 유지
(Continuity of useful action)

21 신속처리
(Skipping)

22 단점의 장점 전환
(Blessing in disguise)

23 피드백(Feedback)

24 중개인 활용(Intermediary)

25 셀프서비스(Self-service)

26 복사, 유사품(Copying)

27 일회용품, 싼 물건 이용
(Cheap short-living objects)

28 다른 감각, 방식 대체
(Mechanics substitution)

29 유동성, 유연한 조직
(Pneumatics and hydraulics)

30 얇은 조직, 막 활용 차단
(Flexible shells and thin films)

31 다공성(Porous materials)

32 이미지 변화, 투명성
(Color changes)

33 동질성, 동질
고객맞춤상품
(Homogeneity)

34 버리거나 혹은 재생
(Discarding and recovering)

35 특성 변화(Parameter changes)

36 국면 변화(Phase transitions)

37 상호관계 변화(Thermal expansion)

38 활성화, 상호격려
(Strong oxidants)

39 비활성화, 조용한 환경
(Inert atmosphere)

40 구조, 상품 복합화
(Composite materials)

지금
우리에게
필요한 것은

지금 우리에게 필요한 것은 무엇인가.

과거를 아파하는 열정인가.

현재를 살아내는 치열함인가.

아니면 미래를 준비하는 냉정함인가.

내게 없어서 필요한 것일 수도 있고 내게 있어도

발견하지 못해서 필요하다 느낄 수도 있다.

무엇보다 중요한 것은 필요성에 대한 스스로의 인식이다.

필요성이 제기된 후에야 비로소 해결책이 의미를 가진다.

2.2 설계교육

개 요 지금까지 대부분의 교육은 주어진 문제를 가지고 진행된 반면, 본 프로젝트는 학생들로 하여금 스스로 문제를 찾아보게 한다. 그렇게 찾은 여러 가지 문제들 중에 지금 해결해야 할 문제를 정하게 한다. 그리고 그 문제에 대한 여러 가지 아이디어를 도출하게 하고, 그 아이디어 중 가장 현실적이고 적합한 아이디어를 선택하게 한다. 이 과정을 처음 접하는 학생들은 엄청난 스트레스를 받게 된다. 그 이유는 지금까지 학생들은 주어진 문제에 대해서 고민을 해왔을 뿐이지 문제를 찾는 고민은 하지 않았기 때문이다.

프로젝트를 좀 더 수월하게 진행하기 위해서 기획자는 이미 주어진 환경에서 찾을 수 있는 문제를 사전에 도출하여 비슷한 것들끼리 분류하고, 가능한 해결책도 미리 정리해 놓아야 한다. 참여한 학생들을 다시 임의의 여러 그룹으로 나누되 그들의 성격과 특기를 고려해 보도록 한다. 각 그룹을 팀으로 묶어서 1차와 2차로 나누어 모의 설계과정을 체

험하도록 만들어 경험적으로 설계의 중요성을 체득하게 한다.

시 간 3시간

질 문 해결해야 되는 문제를 직접 찾아본 적이 있는가?

아이디어를 내기 위해서 주로 무엇을 하는가?

설계란 무엇이라고 생각하는가?

팀을 짜서 설계를 해 본적이 있는가?

전공과 특기를 고려하여 문제를 해결 해본 적이 있는가?

목 적 참가자들에게 설계의 중요성을 인식하고, 경험적으로 체득하게 만들기 위해서 본 설계교육이 필요하다. 시스템 설계의 방법 중의 하나가 제품 설계이다. 제품 설계는 단기간에 교육할 수 있는 것이 아니지만, 시스템 설계는 단기간에도 그 개념을 이해하고, 다양하게 적용 가능하다. 본 교육을 통해서 전체 시스템에서 이 문제가 도출된 배경과 이를 해결하는 과정에서 환경, 사람, 전공, 특기, 예산, 시간까지 고려하여 복합적인 시스템 설계가 이루어질 수 있도록 한다.

준비물 문제카드 및 문제해결카드 5개 이상, 전지

준 비 문제카드 및 해결책을 적어둔 문제해결카드를 준비한다. 문제해결카드는 교육이 끝나고 공개하도록 주의한다.

교 육 ❶ 참가 학생들을 앉은 자리를 기준으로 몇 개의 그룹으로 나눈다. 모든 학생들에게 명찰에 본인의 성격유형, 전공, 특기를 적게 한다. 임시로 각 그룹의 팀장을 뽑게 한다.

❷ 가장 가까이 앉은 그룹의 팀장에게 '교육 개요'를 읽게 한다.

❸ 참가 학생들에게 제품 설계 사례를 사진 위주로 간략히 소개한다.

수동 개폐식 바람막이

• **문제카드:** 밤 시간에 찬바람이 벽에 난 구멍으로 들어와서 사람들이 감기에 쉽게 걸린다.

• **문제해결카드:** 수동으로 열고 닫을 수 있는 바람막이를 만들어 밤에는 벽의 구멍을 닫아둔다.

❹ 1차 모의설계교육을 시작한다. 먼저, 각 그룹에게 남은 4개의 문제카드 중 하나를 선택하게 한다. 팀이 네 그룹 이상이면 중복해서 같은 문제카드를 고르게 해도 괜찮다. 단, 이 과정에서 팀은 구성원의 성격, 전공, 특기를 고려하여 해결 가능성이 높은 문제카드를 골라야 한다. 각 팀장에게 해당 문제카드를 고른 이유를 설명하게 한다.

❺ 해당 문제에 대해서 가능한 해결책을 토론할 시간 30분, 논의된 결과를 정리할 시간 10분을 준다. 반드시 논의된 결과는 전지에 정리하도록 한다.

❻ 각 그룹이 돌아가면서 5분 이내에 발표하게 하고, 청취자 그룹으로부터 질문을 받고 답변하게 한다. 이때 매니저는 해결책에 대해서 간략히 문제점만 짚어주고 넘어가야 한다.

❼ 발표가 끝나면 제품 설계와 시스템 설계의 차이점에 대해서 교육한다.

시스템 설계

- 대부분의 학생, 특히 공대생들은 어떤 형태든 기계적인 제품을 만들려고 집중한다. 만들어진 제품은 동작여부만으로 성공여부를 평가받는다.

- 그러나 어떤 제품이든 먼저 제품의 필요성이 먼저 제기되어야 하고, 그 제품이 어떤 환경에서 누가 사용할 것인가를 생각해야 한다. 또, 제품이 어떻게 설치되고 배치되어야 하는지도 고려해야 한다.

- 예를 들어 어느 공간을 밝게 해야 될 때, 값싸고 밝은 램프를 새로 개발하는 것이 제품 설계 관점이라면, 기존에 만들어진 램프들을 어떻게 배치하여 가격대비 밝기를 더 높일 수 있을지 고려하는 것은 시스템 설계의 관점이다.

- 또, 사용하기에 더 편리한 스위치를 새로 개발하는 것이 제품 설계 관점이라면, 사용자의 동선과 키를 고려하여 어떤 위치와 높이에 스위치를 달 것인가를 고민하는 것이 시스템 설계의 관점이다.

- 물론, 대체 가능한 기존 제품이 없는 경우에 반드시 해당 기능의 제품이 필요하다면, 제품 설계를 통해 제품개발을 고려해 볼 수 있다.

❽ 또, 이전 시간에 교육한 TRIZ 원리와 전공, 특기를 반드시 해결책에 반영하도록 요구한다. 또, 문제를 보는 관점을 바꾸면 전혀 다른 해결책이 나올 수도 있다는 사실을 '다림질이 필요 없는 섬유'로 예를 들어 한 번 더 언급한다.

❾ 2차 모의설계교육을 시작한다. 각 그룹에 시간 30분씩을 주고 해결책을 토론하게 하고, 논의된 결과를 정리할 시간 10분씩을 준다.

❿ 아이디어를 내는 데 주도적인 역할을 한 학생이 해당 아이디어에 대해서 다시 설명한다. 각 그룹이 돌아가면서 5분 이내에 발표하게 하고, 청취자 그룹으로부터 질문을 받고 답변하게 한다. 참가자들은 발표자 그룹일 때보다 청취자 그룹일 때 해당 문제에 대해서 좀 더 객관적으로 바라볼 수 있다는 것을 느끼게 된다.

⓫ 마지막으로 각 그룹이 해결한 문제에 대한 기존의 문제해결카드를

공개한다. 문제해결카드에 적힌 것은 지난 기수의 학생들이 해결한 문제라는 사실과 이것 역시 여러 많은 해결책 중의 하나임을 반드시 인식시킨다. 1차 모의설계과정에 미리 시스템 설계와 TRIZ 및 전공, 특기 관련 내용을 절대 언급해서는 안 되며, 반드시 1차 발표가 끝난 후 교육하도록 한다. 이것은 1차와 2차 설계과정에서의 차이를 학생들 스스로가 경험하고 느끼게 하는 장치이다.

⓬ 참가한 학생들에게 선택한 문제 해결에 있어 본인의 역할을 정리할 시간 5분을 준다. 이 결과를 제출하는 것으로 교육을 끝낸다.

미 션 '학생 워크북'의 미션은 다음과 같다.

> **미션 내용** 시스템 설계와 TRIZ 원리를 반영하여 문제해결카드를 작성하라.
> (스탬프 1~2)

미션 성공 여부에 따른 스탬프 지급 기준은 다음과 같다.

> **평가 기준** 1개: 2차 모의설계과정에 TRIZ 원리 미반영
> 2개: 2차 모의설계과정에 시스템 설계 및 TRIZ 원리 반영

과 제 선택한 문제에 본인의 전공과 특기가 어떻게 반영되었는지 기술하라.

핵 심 ❶ 제품 설계와 시스템 설계의 차이를 이해하는가?

❷ 1차 모의설계과정과 2차 모의설계과정에서의 결과가 달라졌는가?

❸ 학생들이 문제를 보는 관점을 바꾸려고 시도하였는가?

❹ 발표자 그룹일 때와 청취자 그룹일 때 학생들이 어떻게 달라지는가?

❺ 주어진 문제에 대한 효과적인 해결책을 제시하였는가?

참 고 다음은 5가지 문제해결카드 예시이다.

- 기도 시간 알람 시스템: 일출, 일몰 시간과 매일 기도 시간을 위도, 경도 정보를 바탕으로 계산하여 알려준다.
- LED 교통 안내판: 운전자에게 잘 보이도록 경고안내판을 부착하여 보행자의 사고 위험성을 줄인다.
- 풍력 가로등: 야간에 바다로부터 불어오는 바람을 이용하여 램프를 밝힌다.
- 수동 개폐식 바람막이: 밤에 바닷바람이 직접적으로 집에 들어오지 않게 만든다.
- 등대형 램프: 고기 잡는 배가 야간에 마을을 쉽게 찾아올 수 있도록 높이 솟은 솟대에 달려있는 램프가 깜빡인다.

기도 시간 알람 시스템   LED 교통 안내판

풍력 가로등   수동 개폐식 바람막이   등대형 램프

내 이름이 뭐예요

무수히 많은 글자 중에는 누군가의 이름도 있을지 모른다.

그 이름들을 찾다보면 내 이름을 발견할 수도 있을 것이다.

그럼 나에게 알려주기 바란다.

나도 내 이름이 정말 궁금하다.

출생증명서에 기록된 것이 아닌 나의 원래 이름.

2.3 공학적 글쓰기

개 요 일반적으로 글쓰기는 말하기를 포함한다. 말을 잘하는 사람은 유창하게 말하는 사람이 아니라, 본인의 의사를 잘 전달하고 설득할 수 있는 사람이다. 많은 경우에 있어 잘 말하기 위해서는 먼저 잘 적을 수 있어야 한다. 공학적 글쓰기는 먼저 정확한 용어를 선택하는 데에서 시작한다. 누가 보아도 뜻이 분명하고 오해의 소지가 없는 용어를 선택해서 복잡하지 않은 문장으로 기술해야 한다. 그러나 처음부터 공학적 글쓰기를 수행하기는 어렵다. 따라서 '과제명', '키워드', '과제 개요' 등의 과정을 도입하여 '제품설명서'를 작성하게 한다. 또, 제품의 제작 배경, 작동 원리, 사용 방법, 유지 보수 방법을 포함한 내용을 본문에 적게 한다. 작성된 제품설명서를 매니저가 검토하고 수정사항을 기록하여 다시 학생에게 돌려준 뒤, 다시 학생들이 제품설명서를 개선하도록 한다. 우수한 제품설명서와 부족한 제품설명서를 선택하여 학생들이 직접 비교해 볼 수 있도록 한다. 이 과정에서 우수한 결과를 보이는 학생들을 별도로 관리하여 이후 팀 구성단계에서 각 팀에 적절히 배치하도록 한다.

시 간 3시간

질 문 본인은 스스로 말을 잘하는 사람이라고 생각하는가?

　　　　말을 잘 한다는 것에 대한 기준은 무엇이라고 생각하는가?

공학적 글쓰기에 대해서 들어보았는가?

수업 시간에 단기 프로젝트 보고서를 적어본 적이 있는가?

제품 설명서를 만들어본 적이 있는가?

목 적 워크북을 작성할 때부터 미리 공학적 글쓰기 개념에 기초하여 작성할 수 있도록 사전 교육한다. 문제 기술, 아이디어 기술, 제품설명서, 일지, 최종보고서 등 본 프로젝트는 모든 과정을 학생들이 워크북에 기술하도록 하고 있으며, 이 과정을 통해서 학생들이 간략하지만 체계적으로 내용을 정리할 수 있는 훈련을 시키도록 한다.

준비물 A4 용지

준 비 기존에 작성된 학생들의 제품설명서를 축소 인쇄하여 준비하고, 그중에서 한 장을 골라서 '공학적 글쓰기' 관점에 근거하여 다시 제품설명서를 만들어 둔다.

교 육 ❶ 학생에게 워크북에 적힌 '미션 개요'를 읽게 한다. 공학적 글쓰기의 기본은 '글은 간결하게, 문장은 단문으로, 수동형은 피하고, 불필요한 단어는 무조건 빼라'이다.

 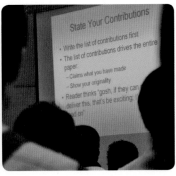

❷ 먼저, 신문의 헤드라인 기사를 뽑는 것을 사례로 들어 설명한다.

❸ 기존에 공학교육혁신센터에서 제작된 '수동 개폐식 바람막이'에 대해 학생과 매니저가 각각 작성한 내용을 학생들에게 보여준다.

❹ 지난 설계교육 시간에 본인이 속한 그룹의 과제를 잘 표현할 수 있는 '과제명'을 논의하여 정하도록 한다. 과제명은 학생들이 이해하기 쉬운 것이 아니라, 일반인이 봐도 어떤 것인지 알 수 있도록 정해야 한다.

❺ 과제명이 정해졌으면 전체 개요를 적게 한다. 개요에는 기린을 냉장고에 넣을 때처럼 정확한 프로세스를 기초로 하여 작성하게 한다.

❻ 다음으로, 해당 과제를 대표할 수 있는 '키워드'를 뽑아보게 한다. 최대 10개 내외로 가장 적합한 단어를 선택하게 한다.

❼ 그 후, 제품의 제작 배경, 작동 원리, 사용 방법, 유지 보수 방법을

포함한 내용을 본문에 적게 한다. 이 과정에서 매니저는 본인의 논문 작성 시의 경험을 최대한 살려 지도하되, 요청이 있을 경우에 해당하는 내용만 알려주는 것으로 간섭을 최소화하도록 한다.

❽ 반드시 A4 1장에 적당히 큰 글씨로 제품설명서를 작성하게 한다. 참가 학생 모두가 각자의 제품설명서를 만들도록 한다.

❾ 제품설명서 작성이 끝나면 모두 수거하여 매니저가 검토하도록 한다. 빨간 펜을 사용해서 수정한다.

❿ 검토된 제품설명서를 다시 그룹에게 배부하여 검토 의견대로 다시 작성하게 한다.

⓫ 우수한 제품설명서와 부족한 제품설명서를 선택하여 두 학생에게 각각 제품에 대한 설명을 하도록 지시한다. 공학적으로 제대로 쓰인 글쓰기의 장점을 눈과 귀로 확인할 수 있을 것이다.

⓬ 마지막으로 작성된 제품설명서는 다시 수거하여 보관하고, 차후에 팀의 구성원을 배치할 때 참고자료로 활용한다.

미 션 '학생 워크북'의 미션은 다음과 같다.

> **미션 내용** 설계교육에서 제시한 해결책에 대하여 공학적 글쓰기를 바탕으로 '제품설명서'를 작성하라(스탬프 1~3).

미션 성공 여부에 따른 스탬프 지급 기준은 다음과 같다.

> **평가 기준** 1개: 과제명, 개요, 키워드 작성
> 2개: 과제명, 개요, 키워드, 제작 배경, 작동 원리 작성
> 3개: 과제명, 개요, 키워드, 제작 배경, 작동 원리, 사용 방법, 유지 보수 방법 작성

과 제 제품설명서를 부모님과 친구에게 보여주고 검토 의견을 받아라.

핵 심 ❶ 읽는 사람을 염두에 두고 제품설명서를 작성하였는가?

❷ 누구나 알기 쉽도록 과제명을 정하였는가?

❸ 제품 설명에 '과정'을 도입하였는가?

❹ 해당 과제를 대표하는 키워드를 잘 뽑아내었는가?

참 고 다음은 기존 참가 학생들이 작성한 제품설명서 예시이다.

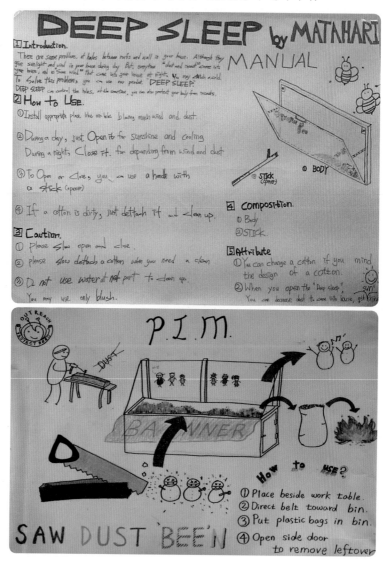

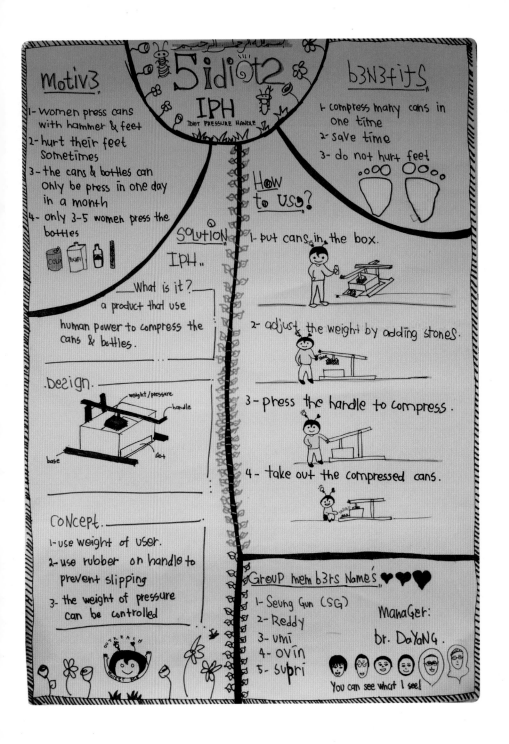

5 idi0t2
IPH
IDIOT PRESSURE HANDLE

Motiv3
1- women press cans with hammer & feet
2- hurt their feet sometimes
3- the cans & bottles can only be press in one day in a month
4- only 3-5 women press the bottles

b3N3fitS
1- compress many cans in one time
2- save time
3- do not hurt feet

SOLUTION
IPH

What is it?
a product that use human power to compress the cans & bottles.

How to use?
1- put cans in the box.

2- adjust the weight by adding stones.

3- press the handle to compress.

4- take out the compressed cans.

Design
weight/pressure
handle
base
slot

CONCEPT
1- use weight of user.
2- use rubber on handle to prevent slipping
3- the weight of pressure can be controlled

Group memb3rs Names ♥♥♥
1- Seung Gun (SG)
2- Reddy
3- Umi
4- Ovin
5- Supri

Manager:
Dr. DaYaNG.

You can see what I see!

OUTREACH

79

코스모스 피어있는

가을은 빈티지다.

코스모스가 어우러져 가을을 말하고 있다.

코스모스를 입에 물면 '청순녀'가 되고

귀에 꽂으면 '광년'이 된다.

깊고 파란 하늘 밑에서 나는

청순한 미친 여자가 그립다.

2.4 안전교육

개 요 안전교육은 그 효과만으로 본다면 어떤 교육보다도 중요하다. 특히 현지에서 생길 수 있는 각종 질병에 대한 사전 예방조치뿐만 아니라 낯선 곳에서의 활동에 따른 안전과 직접 전기를 다룰 때의 기본적인 안전수칙은 반드시 교육하도록 한다. 방문하는 지역이 적도 부근의 열대 지방인 경우에는 해당 지역 고유의 풍토병이 있기 마련이다. 본인의 건강상태의 좋고 나쁨과 상관없이 참가하는 모든 학생은 예방접종을 반드시 해야 하고, 그 증빙을 제출하도록 한다. 그럼에도 불구하고 질병이 발생할 경우에는 즉각 현지 스태프에게 증상을 알리고 빠른 조치를 취할 수 있도록 해야 한다. 가끔 속이 안 좋다고 밥을 굶은 학생들이 생기는데, 이것은 좋지 못한 예로 볼 수 있다. 무엇 때문에 속이 안 좋은지 정확하게 규명하고 약을 먹고 괜찮아져야 되는데, 국내에서처럼 개인적인 판단으로 끼니를 거르는 경우 다음 활동에 지장을 초래하게 된다. 반드시 전문가의 처방을 받아 약을 먹고, 쉬어도 밥을 먹고 쉬도록 조치한다. 낯선 곳에서 활동할 때 기본적으로 개인 돌출 행동은 삼가야 한다. 많은 수의 인원이 같이 움직일 때 동선에 벗어난 무단이탈은 전체 참가자의 발을 묶어버리게 된다. 특히 더 주의할 것은 야간숙소이탈 문제이다. 호기심 많은 학생들은 야간 점호 후 주변을 둘러보기 위해서 매니저의 눈을 피해 숙소를 나가는 경우가 있는데, 이 경우에는 누구도 불상사에 대한 책임을 질 수가 없다. 해외 활동에서 구성원 하나라도 사고가 나면 전체 프로젝트가 흔들릴 수밖에 없다는 것을 명심해야 한다. 직접적으로 전기를 다루게 될 때에는 기본적으로 안전장갑을 착용하고, 전원차단 스위치를 내렸는지 반드시 확인해야 한다. 또, 항상 팀을 이루어 작업하도록 해서 혹시 제3자가 의도치 않고 작업 중에 전원차단 스위치를 올릴 수 있는 가능성을 사전에 막아야 한다. 또, 멀티테스트기 사용방법을 익혀서 전압 및 전류를 테스트할 수 있어야 한다. 위와 같은 상황이 전제되지 않은 상태에서는 절대 전기 관련 작업에 참여해서는 안 된다. 인도네시아에서는 220V를 사용하므로, 전기감전은 치명적이다. 따라서 가능하다면 전기를 직접 다루는 일은 시설전문가나 매니저에게 의뢰하는 것이 좋다.

시 간 1시간

질 문 방문지역의 풍토병에 대해서 알고 있는가?

본인만이 가지고 있는 병이 있는가?

개인 돌출 행동을 해본 경험이 있는가?

전체에 해를 끼친 행동을 해본 경험이 있는가?

전기를 다루는 일을 해본 적이 있는가?

전기 안전 교육을 받아본 적이 있는가?

목 적 방문지에서 생길 수 있는 각종 질병에 대한 예방조치뿐만 아니라 낯선 곳에서의 활동에 따른 안전과 전기를 직접 다룰 때의 안전 수칙에 대해서 교육한다.

준비물 풍토병 예방접종 안내, 활동 규범, 전기 안전 수칙준 비 풍토병 예방접종은 반드시 파견 2개월 전까지 이루어져야 하므로 미리 공지하여 이루어지도록 한다. 안전교육은 현지 활동 규범까지 포함하므로, 사전교육의 마지막 단계에서 이루어지는 것이 좋다.

교 육 ❶ 참가 학생에게 '교육 개요'를 읽게 한다.

❷ 먼저 파견 지역에 대한 소개를 하고, 예방접종에 대해 안내한다.

예방접종
- 필수적인 항목은 없으나 권장하는 항목은 아래와 같다.
  A형 간염, B형 간염, 말라리아, 장티푸스, 파상풍 등(장염, 광견병 주의).

❸ 매니저가 '활동 규범'과 '안전 유의 사항'을 차례대로 읽어준다.

활동 규범
- 기상, 식사, 이동, 점호 및 주요 활동의 시간을 준수한다.
- 팀별 활동에 적극적으로 참여한다.
- 지시에 적극 협조하고, 사전에 협의되지 않은 개인적인 돌출행동을 삼간다.
- 활동 장소를 불가피하게 이탈 시 인솔자에게 이야기하여 전체 일정을 지연시키지 않도록 주의한다.
- 점호가 끝난 후에 숙소를 이탈하는 일이 없도록 주의한다.
- 정해진 시일 내에 결과보고서를 제출하여 활동 상황을 알린다.

안전 유의 사항
- 사용하는 장소는 항상 깨끗하게 유지하고, 사용하는 기구 등은 항상 잘 정리한다.
- 젖은 손으로 전기기기 및 전기배선에 접촉하지 않는다.
- 폭발물, 가연성 물질, 가연성 자재의 반입 및 사용이 불가하다.
- 작업 도중 상처를 입었거나 부상을 당했을 때에는 빨리 본부에 알리고 신속히 대처한다.
- 화재 발생 시에는 본부의 지시에 따라 신속히 대피한다.

83

④ 활동 규범을 어긴 사례를 들어서 설명하고, 프로젝트에 어떤 영향을 끼쳤는지 알려준다.

> **활동 규범 어긴 사례**
> • 몸이 안 좋아서 숙소에 쉬겠다던 학생이 당일 오후 수영장에서 놀고 있었던 일이 있었다.
> • 전체 일정을 무시하고 팀 단독으로 마을에 제품을 설치하러 가겠다는 팀이 있었다.

⑤ 전기 안전 수칙, 전압과 전류의 상관관계, 전류 차단, 장갑 착용 등 사전 안전조치에 대해서 설명한다.

⑥ 멀티테스트기 사용방법을 교육하고, 멀티테스트기를 사용하여 통전테스트, 전압 측정 등을 수행해 본다.

⑦ 마지막으로, 부주의로 인한 감전이나 사고가 생겼을 때 급한 마음에 동료를 구하기 위해 달려들었다가 2차 감전사고로 이어지는 동영상을 통해서 전기 안전에 대한 경각심을 불러일으킨다.

미 션 '학생 워크북'의 미션은 다음과 같다.

멀티테스트기를 사용하여 통전테스트를 실시하라.
(스탬프 1~3)

미션 성공 여부에 따른 스탬프 지급 기준은 다음과 같다.

 1개: 활동규범, 안전 유의사항, 전기 안전 수칙
2개: 활동규범, 안전 유의사항, 전기 안전 수칙, 멀티테스트기 사용법
3개: 활동규범, 안전 유의사항, 전기 안전 수칙, 멀티테스트기 사용법,
예방접종

과 제 멀티테스트기 사용방법을 부모님께 알려드려라.

핵 심 ❶ 알레르기나 체질에 맞지 않는 음식은 없는가?

❷ 풍토병에 대한 예방접종을 실시하였는가?

❸ 더운 기후를 견딜 수 있을 정도로 충분히 건강한가?

❹ 개인 돌출행동을 해서 생긴 피해에 대한 책임의식이 있는가?

❺ 전기 관련 작업을 수행할 때 반드시 지켜야 할 사전 안전조치에 대
해서 숙지하였는가?

참 고 다음은 간단한 감전자 대응 수칙이다.

> **전기 감전자 대응 수칙**
> • 전력을 차단한 후, 감전자를 구조하고 안전한 지역으로 옮긴다.
> • 온도와 습도의 급격한 변화로부터 감전자를 보호한다.
> • 호흡을 곤란하게 하는 벨트를 풀고 신발을 벗긴다.
> • 감전자가 의식이 없을 때는 절대 물을 주면 안 된다.
> • 감전자에게 인공호흡을 한다.

고양이의 뜬금없음

지구의 어느 곳에서

고양이는 신이 인간에게 신호를 주기 위한 도구로 여겨진다.

뜬금없이 고양이를 보게 된다면

그냥 지나치지 말고 잠시 멈춰서 지켜보기 바란다.

일의 진행을 잠시 멈추게 하는 것이

때때로 결과들을 달라지게 만들 수도 있다.

2.5 언어교육

개 요 언어는 모든 것의 시작이라 해도 과언이 아니다. 인도네시아 어느 마을에 공학봉사를 하러 갔는데, 현지 사람들과 아무 말도 나눌 수 없다면 어떨까 상상해보자. 사실 이것은 직접 체험해보지 않고서는 상상조차 제대로 되지 않을 것이다. 단기간에 그들의 언어를 제대로 배워서 유창하게 말하기는 어렵다. 그래서 보통 기본적인 인사말, 자기소개, 숫자 읽는 법 정도는 익혀서 가면 좋다. 우리가 건네는 작은 인사한 마디가 그들의 경계심을 호의로 바꾸어낼 수 있다. 언어 교육은 하루 단기과정으로 되는 것이 아니기 때문에 중장기적인 교육일정을 잡아야 한다. 프로젝트와 관련된 모든 모임 앞에 30분 정도 언어교육 시간을 할애하는 것이 좋다. 지속적이고 반복적인 학습이야말로 언어교육의 최상의 방법이다. 배운 외국어를 가지고, 현지 활동에서 사용할 자기소개를 미리 연습해 본다. 또, 몇 명씩 짝을 이루어 쉬운 노래를 하나 선택한 후 외워서 부를 수 있도록 연습한다.

시 간 4시간

질 문 영어 이외에 말할 수 있는 제2외국어가 있는가?

인도네시아 말을 들어본 적이 있는가?

이미 알고 있는 인도네시아 말이 있는가?

인도네시아어의 알파벳 읽는 법을 알고 있는가?

목 적 어떤 지역이든지 가장 중요한 것은 현지 주민을 만나고, 현지 주민과 소통하는 일이다. 그들이 필요로 하는 것이 무엇이고, 어떤 점이 불편한지 알아야 한다. 현지에는 같이 활동을 할 현지 학생들이 있으므로 그들을 통해서 물어볼 수 있다. 그렇기 때문에 우리는 현지 주민들과 교감할 수 있는 간단한 인사말과 자기소개, 기본적인 단어 정도만 배워서 가면 된다. 현지 학생들에게 한국어 교육을 통해 간단한 읽기와 쓰기를 가르쳐서 서로가 서로의 언어를 접할 기회를 제공한다.

준비물 언어교육 자료

준 비 현지 언어를 학생들에게 가르치기 위해서는 사전에 가르치는 사람이 어떤 내용을 어떻게 가르칠 것인가를 준비해야 한다. 언어교육은 30분씩 총 8회에 걸쳐 진행하며, 매 시간 언어교육 자료를 숙지하고, 주어진 시간동안 잘 가르칠 수 있도록 예습한다.

교 육 ❶ 인도네시아어의 경우 기본적인 알파벳 읽는 법부터 가르치도록 한다. 단어의 뜻은 몰라도 단어 그대로 읽고 쓸 수 있어야 한다. 사실 제대로 읽고 발음할 수 있으면 사전을 활용할 수 있다.

❷ 기본적인 인사말은 쉽게 활용할 수 있도록 개인에 맞추어서 연습하도록 한다. 중요한 '대명사'와 '접속사', 기본 동사들도 문장을 통째로 외우도록 가르친다. 다음 간단한 말을 자유롭게 해봄으로써 입을 여는 훈련을 시킨다.

> **인도네시아어 교육**
> - 첫째 시간에는 인도네시아어에 대한 전반적인 배경 지식과 알파벳을 읽는 방법을 가르친다. 어느 정도 알파벳을 읽게 되면 기본적인 인사말을 알려준다.
> - 그 다음 시간에는 항상 5분 정도 시간을 할애하여 이전에 배운 것을 복습한다.
> - 둘째 시간에는 자기소개를 하는 데 필요한 문장과 단어를 교육한다.
> - 셋째 시간에는 숫자를 읽는 법과 시간을 말하는 법을 가르친다.
> - 넷째 시간에는 '언제', '어디서', '왜' 등 주요한 접속사를 가르친다.
> - 다섯째 시간에는 음식과 맛에 대해서 가르친다.
> - 여섯째 시간에는 색깔과 신체에 대해 가르친다.
> - 일곱째 시간부터는 직접 문장을 만들어서 말하는 연습을 시킨다. '식당', '약국', '가게' 등 몇 가지 상황에서 자유롭게 말하기 연습을 시킨다.
> - 여덟째 시간에는 인도네시아어로 자기 소개하는 시간을 갖는다. 학생들 모두가 차례대로 자신의 이름, 나이, 학교, 전공, 특기, 취미, 좋아하는 것 등을 이야기하도록 한다.

❸ 인도네시아 학생에게 한국어를 가르칠 때에도 전반적으로 인도네시아 언어 가르칠 때와 비슷하다. 단, 중요한 것은 발음이다. 최초에 배울 때 발음교정을 시켜주지 않으면 한국말은 아무리 실력이 늘어도 어색하게 들리게 된다.

> **한국어 교육**
> - 먼저, 한국말의 기본적인 모음과 자음의 읽는 방법을 교육한다.
> - 모음과 자음이 결합하여 음을 만들어내는 원리를 먼저 설명한다.
> - 모든 단어를 읽을 수 있게 되면 본인의 이름을 한글로 적게 하고, 친구

의 이름을 한글로 적게 한다.
- 기본적인 인사말을 가르친다.
- 중요한 문장들을 통째로 기억시킨다.

❹ 교육 중간에 간단한 테스트를 통해서 현재 자신의 수준을 점검할 수 있도록 한다. 간단한 문제지를 만들어 테스트에 활용할 수 있다.

❺ 몇 명씩 짝을 지어주고, 인도네시아어 또는 한국어로 된 노래를 하나 선택하여 연습하게 한 후, 다음 시간에 부르게 한다.

미 션 '학생 워크북'의 미션은 다음과 같다.

> 미션 내용 모든 테스트에서 평균 80점 이상을 획득하라.
> (스탬프 1~3)

미션 성공 여부에 따른 스탬프 지급 기준은 다음과 같다.

 1개: 평균 60점 이상
2개: 평균 70점 이상
3개: 평균 80점 이상

과 제 풍선아트에 필요한 간단한 인도네시아 문장을 연습하라.

핵 심 ❶ 학생들이 매 시간 배운 내용을 복습해서 오는가?

❷ 학생들이 다음 시간에 배울 내용을 예습해서 오는가?

❸ 인도네시아어로 자기소개를 유창하게 할 수 있는가?

❹ 인도네시아어의 기본 구조를 이해하는가?

❺ 교육 때 나온 단어들을 잊지 않고 계속 활용하는가?

참 고 다음은 풍선아트에 필요한 인도네시아어 기초 문장을 정리한 것이다.

풍선아트를 할 때 사용하는 문장	
• 이름이 뭐니?	• Siapa nama mu?
• 몇 살이니?	• Umur saya beberapa?
• 무엇을 만들어줄까?	• Ingin membuat apa?
• 개, 고양이, 토끼, 기린, 칼, 모자, 꽃?	• Anjing, kucing, kelinci, jerapah, pedang, topi, bunga?
• 잠시만 기다려.	• Menunggu.
• 자, 여기 있어.	• Nah, di sini dia.
• 예쁘다!	• Cantik!

두 사람

나는 한국 사람,
너는 인도네시아 사람.
우리는 다르지만 같고
같지만 다르다.

2.6 풍선아트

개 요   풍선아트는 쉽고 빠르게 배울 수 있는 반면 효과는 아주 크다. 기다란 풍선에 도구로 바람을 넣고, 매듭을 지은 후 풍선을 비비 꼬고 겹쳐 꼬는 방식으로 다양한 동물 및 사물을 만들 수 있다. 현지 아이들에게는 직접 풍선아트 만드는 법을 가르치는 것도 좋다. 어린 학생들은 쉽게 배울 뿐만 아니라 손이 작고 정교해서 금방 예쁜 동물들을 만들어낸다. 현지의 좀 큰 아이가 더 어린 아이에게 풍선아트를 해 주는 광경은 남다르다.

풍선아트를 통한 이러한 경험은 현지의 아이들에게 공학봉사단에 대한 관심을 불러일으키고, 공학봉사단에 대한 좋은 인상을 심어준다. 이후에 그 아이들이 자라서 공학을 배울 기회가 있을 때, 진로를 생각할 시기가 될 때 아마도 공학봉사단을 한 번 더 떠올릴 수 있을 것이다.

시 간   2시간

질 문 풍선에 대한 두려움이 있는가?

풍선아트를 해본 적이 있는가?

풍선아트를 연습하면 어디에 사용할 수 있다고 생각하는가?

1분 안에 개 한 마리를 만들 수 있는가?

목 적 풍선아트는 현지의 아이들에게 아주 효과적으로 다가갈 수 있는 훌륭한 방법이다. 동물, 꽃, 모자, 칼 등 다양한 것들을 쉽게 만들어 낼 수 있도록 집중 교육을 한다.

준비물 긴 풍선, 바람 넣는 도구

준 비 풍선아트 연습에 필요한 기본적인 바람 넣기, 매듭짓기, 비벼 꼬기, 꼬리 만들기 등을 사전에 연습해 둔다. 또, 동물, 꽃, 모자, 칼 등의 형태를 미리 만들어본다.

교 육 ❶ 참가 학생들에게 '교육 개요'를 읽게 한다.

❷ 먼저, 바람 넣는 도구로 바람 넣는 법을 알려준다. 바람을 적당히 넣고 약간 빼주면 풍선이 말랑말랑해져서 이후에 형태를 만들어가기가 수월하다.

❸ 풍선의 매듭을 짓는 방법을 배워본다. 엄지와 검지 사이에 매듭을 쥐고, 가슴에서 바깥으로 나가는 방향을 풍선을 돌려서 쉽게 매듭을 지을 수 있도록 반복해서 연습한다.

❹ 매듭이 있는 부분부터 2cm 크기로 풍선을 돌려서 비비 꼰다. 꼬인 부분을 손에 잡고 같은 방식으로 풍선을 꼬아나가기 시작한다.

❺ 머리(1), 귀(2), 목(1), 앞발(2), 몸통(1), 뒷발(2), 꼬리(1)의 순으로 총 10번을 꼬면 동물의 모양이 완성된다.

⑥ 마지막으로 꼬리는 바람을 끝으로 빼서 동그랗게 만들어준다.

⑦ 풍선을 꼬는 크기와 형태에 따라서 개, 고양이, 토끼, 기린 등 다양한 동물을 만들어낼 수 있다.

⑧ 마찬가지로 풍선아트 매뉴얼대로 칼, 모자, 꽃을 만들어본다. 그중에서도 꽃은 풍선 2개가 필요하고, 시간도 더 걸리기 때문에 만들 때 더 주의하도록 한다.

⑨ 마지막으로 1분 안에 개 한 마리 만들기 미션 연습을 한다. 실제 미션은 현지 활동 중에 있을 예정이므로, 실전이라 생각하고 만들어본다.

> **풍선아트로 1분 안에 개 한 마리 만들기**
> • 모든 팀원이 동시에 시작하여 1분 안에 개 한 마리를 완성해야 한다.
> • 이 미션은 처음 시도해보면 엄청난 긴장감으로 인해 실패 가능성이 높다.
> • 지금까지의 경험상 거의 99% 이상 성공하였으며, 단기간에 학생들을 풍선아트를 잘하는 사람으로 만들 수 있었다.

⑩ 연습이 끝나면 만들어진 풍선들은 모두 터뜨리고, 주변을 깨끗이 청소한다.

미 션 '학생 워크북'의 미션은 다음과 같다.

> **미션 내용** 표준 매듭짓기와 정확한 꼬기를 사용하여 꽃을 완성하라.
> (스탬프 1~3)

미션 성공 여부에 따른 스탬프 지급 기준은 다음과 같다.

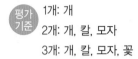

1개: 개

2개: 개, 칼, 모자

3개: 개, 칼, 모자, 꽃

과 제 부모님에게 긴 풍선을 사용하여 꽃을 만들어 선물하고 인증샷을 남겨라.

핵 심 ① 바람 넣는 법을 제대로 따르는가?

② 매듭짓는 방법을 제대로 따르는가?

③ 동물의 형태를 집중하여 잘 만들어내는가?

④ 풍선아트로 만든 동물, 칼, 모자, 꽃 등의 인도네시아 말을 기억하는가?

참 고 다음은 긴 풍선을 이용하여 개, 칼, 모자, 꽃을 만드는 방법이다.

강아지

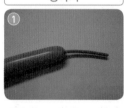  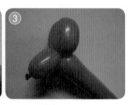

① 풍선 끝 지점의 2인치 정도를 남기고 풍선을 부풀린다.

② 풍선을 꼬아서 기본 꼬임의 3개의 풍선을 만든다. 첫 부분은(1번) 2인치 길이쯤 되며, 이것은 개의 코 모양을 만들게 된다. 두 번째(2번)와 세 번째(3번) 꼬여진 부분은 각 1인치쯤의 길이로 첫 부분에 비해 좀 더 작아야 하며 이 부분은 강아지의 귀 모양이 된다.

③ 2번과 3번은 강아지의 귀 모양이 될 것이다. 1번과 풍선의 몸체를 잡은 채로 2번과 3번을 함께 꼬면 된다. 이제 풍선의 형상은 강아지의 머리와 비슷해야 한다.

④ 기본 꼬임 형태의 풍선 3개를 만들고 각각의 길이가 3인치쯤 되도록 한다. 처음 1번은 강아지의 목이 될 것이며 2번과 3번은 강아지의 앞 다리가 될 것이다.

⑤ 이제 꼬여진 풍선의 모양은 머리와 앞 다리들이 있는 강아지의 앞모습처럼 닮아 있을 것이다.

⑥ 풍선을 가지고 3인치 정도의 길이가 되는 기본 3개 꼬임의 풍선을 만든다. 처음 1번은 강아지 몸이 될 것이며 2번과 3번은 강아지의 뒷다리 모양이 될 것이다.

  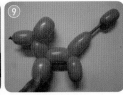

⑦ 마지막 남은 풍선의 부분은 강아지의 꼬리 모양이 된다.

⑧ 풍선으로 2개의 기본 꼬임을 만들어라.

⑨ 강아지 완성

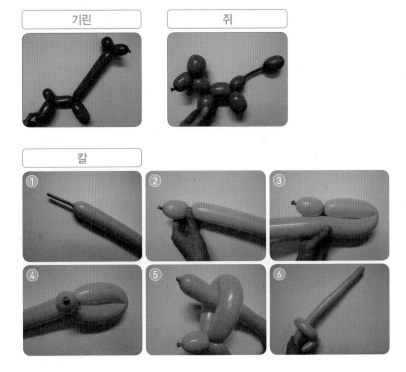

기린

쥐

칼

❶ 풍선을 부풀린다.

❷ 토끼의 얼굴을 만든다.

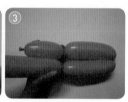

❸ 토끼의 귀를 만든다.

❹ 토끼의 머리 부분을 완성한다.

❺ 토끼의 몸통을 만든다.

❻ 토끼의 머리와 앞 다리를 완성한다.

❼ 토끼의 몸체와 뒷다리, 그리고 꼬리를 마무리한다.

❽ 토끼 완성

꽃

❶ 풍선을 끝 지점에서 2인치정도 남기고 부풀린다.
❷ 약 4인치 정도의 풍선 부분으로 작게 접혀진 꼬임을 만들어 첫 번째 꽃잎을 만들자.
❸ 풍선을 꼬아서 두 번째로 접혀진 꽃잎 모양을 만들자. 첫 번째 꽃잎과 비슷한 크기로 만든다.

④ 풍선을 꼬아서 세 번째로 접혀진 꽃잎 모양으로 만들자. 역시 첫 번째 꽃잎과 비슷한 크기로 만든다.

⑤ 풍선을 꼬아서 네 번째로 접혀진 꽃잎 모양으로 만들자. 역시 첫 번째 꽃잎과 비슷한 크기로 만든다.

⑥ 풍선을 꼬아서 다섯 번째로 접혀진 꽃잎 모양으로 만들자. 역시 첫 번째 꽃잎과 비슷한 크기로 만든다.

  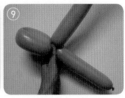

⑦ 5개의 접혀진 꼬임을 똑바르게 펴서 꽃잎 모양이 될 수 있도록 한다. 이제 꽃잎 제작은 끝이다.

⑧ 한 개의 초록 풍선을 줄기용으로 준비하자. 풍선 끝에서 1인치 정도를 남기고 풍선을 부풀린다.

⑨ 풍선의 끝에서 4인치 아래 접혀진 풍선 꼬임을 만든다. 이는 2개의 잎사귀들이 된다.

⑩ 첫 번째 잎사귀와 같은 위치에 2번째 꼬임을 접어서 만든다.

⑪ 1인치쯤의 길이가 되는 1개의 기본 풍선 꼬임을 만든다. 첫 부분을 잡으면서 꽃잎들의 중간 축 속으로 꼬여진 초록 풍선을 끼워 넣어 줄기와 꽃잎을 붙인다.

⑫ 풍선 꽃을 완성하기 위해 잎사귀들을 똑바르게 정리한다.

조정되는 삶

유독 어느 지역에만 가면 아프지 않은가? 물이 바뀌었다든지 몸에 면역력이 떨어
졌다든지 하는 이유로 설명할 수도 있지만, 우리가 살고 있는 '매트릭스'에서 현실
의 경계로 삼기 위해 정해 놓은 것일 수도 있다. 유인우주선의 우주탐험이 왜 아직
도 이루어지지 않는가? 반알랜대의 자기장이나 방사능 때문이라고 말하는 사람도
있지만, 이 또한 현실의 경계일 수 있다. 그러나 매트릭스의 설계자도 이러한 모든
상황을 다 프로그래밍하지는 않을 것이다. 설계자가 다른 설계자의 실행결과를 벤
치마킹할 수도 있으며, 몇 개의 프로그램이 상호작용을 통해서 조금씩 다른 결과를
내고 있는 것일 수도 있다.

Project 3 지역의 문제를 해결하라

우리가 가는 지역에는 언제나 우리가 해결해야 할 문제가 있다. 그것은 그들이 살면서 체감하는 문제들이다. 우리가 필요하다고 느끼거나 문제라고 느끼는 것은 그들의 입장에서 불필요하거나 문제라고 인식하지 못할 수도 있다. 그러나 여기서 지역의 문제해결만큼 중요한 것이 하나 더 있다. 그것은 바로 학생들의 경험을 통한 스스로의 학습효과이다. 지역의 문제를 해결하지 못 할 수도 있고, 힘들게 만든 제품이 설치 유보 판정을 받을 수도 있지만, 이러한 과정을 통해서 학생들은 이전보다 내적으로 강화된 스스로를 발견할 수 있을 것이다.

먼저, 문제 발견을 통해서 지역의 문제를 올바르게 정의하고, 이렇게 정의된 문제에 대해 브레인스토밍을 거쳐 하나의 아이디어를 도출한다. 제품 설계 단계에서는 설계도와 재료구매목록을 완성하고, 재료를 구매할 때에는 정해진 예산 집행 절차에 따라 집행한다. 제품을 사용할 사람의 입장에서 제품을 제작하고, 지역의 주민에게 잘 설명하기 위하여 제품설명서를 작성한다. 최종 평가를 거쳐 설치 가능 여부를 판단하여 적합한 장소에 제품을 설치한다.

3.1 문제 발견

개 요 많은 사람들이 콜럼버스의 신대륙 발견을 폄하하는 발언을 했을 때, 콜럼버스는 사람들에게 달걀을 세로로 세워보라는 제안을 했다. 그러나 아무도 달걀을 세로로 세우지 못했다. 콜럼버스는 삶은 달걀의 끝을 깬 후 달걀을 세로로 세웠다. 첫 발견에는 미지의 세상에서 신대륙을 발견한 것과 같은 설렘이 있을 것이고, 나중 발견에는 이미 발견한 것에 대한 확인이 있을 뿐이다. 이렇듯 무엇인가를 발견하는 것은 어렵고도 의미 있는 일이다. 더군다나 그게 '문제의 발견'이라면 더 어려운 일이 된다. 우리가 가는 곳 어디든 문제가 없는 곳은 없다. 거기에는 그들이 문제라고 생각하는 문제와 우리가 문제일 것이라고 생각하는 문제가 있다. 또, 그전에는 문제가 아니었다가 기술이 발달할수록 새롭게 문제가 되는 것들도 있다. 문제를 발견하는 것은 문제와 만나고 문제를 정의하는 것으로 이야기할 수 있다. 어떤 문제든 제대로 정의되지 않으면 문제로의 가치가 없다. 제대로 정의되지 않은 문제의 해답을 찾는 일은 결론적으로 시간낭비에 지나지 않는다. 문제를 제대로 정의한다는 것은 문제를 있는 그대로 봐야 한다. 사람이 느끼는 감정으로 오해되어서는 안 되며, 문제점 자체에 또 다른 모순이 존재할 수 있는 가능성을 열어두어야 한다.

시 간 6시간

질 문   문제 발견이란 무엇인가?

좋은 문제란 무엇이며, 어떤 문제를 찾아야 하는가?

우리가 문제일 것이라고 생각하는 것들은 무엇이 있는가?

기술이 발달함에 따라 생기는 문제들에는 어떤 것이 있는가?

문제를 제대로 정의한다는 것은 무엇인가?

어떤 문제가 가장 시급히 해결해야 할 문제인가?

해결해야 할 문제를 정하는 방법은 무엇인가?

목 적   우리가 가는 곳에는 이미 문제로 정의되어 있는 것이 있다. 그 문제에
는 이미 유익한 해답이 나와 있을 수도 있다. 참가 학생들이 다시 이
러한 문제를 찾아보는 것은 그다지 바람직하지 않다. 학생들은 '잘 정
의되어 있지 않은 문제'와 '구조화되지 않은 문제'를 찾아내야 한다. 현
지 주민들이 불편하게 생각하는 것들로부터 그 불편함을 야기한 것을
'문제로 정의'할 수 있도록 유도한다.

준비물   문제 백서

준 비   잘 정의되어 있고, 구조화되어 있는 문제들 중에 해결이 안 되고 있
는 것들을 미리 정리하여 해결방법을 모색해 둔다. 현지 주민들에게
는 미리 양해를 구하고 참가 학생들이 문제점들을 물어볼 수 있도록
한다. 고아원과 같은 시설의 경우 미리 고아원장에게 프로젝트를 설
명하고, 며칠 동안 어떤 활동이 여기서 이루어지는지 사전에 설명하
도록 한다. 어떤 팀을 어느 곳으로 보내어 '문제 발견'을 수행하게 할
지 미리 정해두어야 한다.

교 육   ❶ '문제 발견' 미션이 시작되면, 각 팀에게 문제를 찾아야 할 곳의 기
본 정보를 알려준다. '본부'에서 가까운 곳은 걸어서 움직이고, 차

량으로 이동해야 될 곳은 차량을 제공한다.

❷ 각 팀은 당일 점심과 저녁을 자체적으로 해결할 수 있어야 한다. 참여인원이 많아지면 매번 전체 식사를 하기가 어려워지므로, 본격적인 활동이 시작되면 팀별로 식사를 할 수 있도록 하는 것이 좋다. 현지 학생들이 한 팀에 포함되어 있다면 근처 식당을 이용하는 데 전혀 무리가 없다.

❸ 문제를 찾아야 되는 미션 장소(마을이거나 고아원)에서는 먼저 책임자에게 인사를 드리도록 한다. 사전에 양해된 곳이라 하더라도 반드시 다시 해당 팀이 이 장소에 무엇을 하러 왔는지 설명한다.

❹ 장소를 둘러보기 전에 먼저 현지 주민들에게 불편한 점이 무엇인지 물어본다. 보통 눈에 먼저 보이는 불편함에 시선을 뺏겨 현지 주민들에게 물어보지도 않고 문제를 정해버리면 안 된다.

❺ 현지 주민과의 인터뷰를 꼼꼼히 기
록한다. 현지 학생을 통해서 궁금한
모든 사항은 질문하고 답변을 받도
록 한다.

❻ 문제를 발견할 장소를 꼼꼼하게 둘러본다. 특히, 난방, 환기, 전기
시설 등 프로젝트에서 해결 가능한 범위 내에서 문제를 찾아보게
한다. 여기서 특히 주의해야 할 것은 해결책이 너무 어렵거나 너무
간단한 것을 문제로 정하지 말아야 한다는 점이다.

문제를 찾을 때 참고사항

● 어떤 것이든 듣거나 보자마자 먼저 해결책을 염두에 두고 문제를 정의
하지 않도록 해야 한다. 예를 들어, 더우니까 선풍기가 있으면 좋겠다
든지, 공기가 안 통하니까 환풍기가 있으면 좋겠다는 식으로 문제를 찾
아서는 안 된다.

● 그러나 나중에 해결책에 대한 아이디어를 논의할 때에 예를 들어, 아이
들이 자는 방에 환기가 되지 않아 곰팡이가 많이 끼어 위생상 좋지 않
다는 문제를 해결하기 위한 해결책의 일부로 환풍기 구매를 고려하는
것은 괜찮다.

● 즉, 환풍기는 곰팡이 제거에 필요한 해결책 중의 하나일 뿐이며 다양한
많은 해결방안이 존재한다는 사실을 염두에 두고 문제를 찾도록 한다.

❼ 문제를 찾고 나면, 문제를 정의하도록 한다. 많은 경우 사람이 느
끼는 감정을 문제라고 오해할 소지가 있으므로 주의한다.

❽ 문제로 정의된 것들은 반드시 워크북에 상세하게 기술하도록 한다. 단순히 어떤 것이 문제라는 것보다는 무엇 때문에 문젯거리가 되는지를 기록한다.

❾ 각각의 문젯거리들에 대해서 사진을 찍어서 기록으로 남긴다. 지금 찍는 자료들은 이후에 '문제 백서'를 만들 때도 참고자료로 사용될 것이다.

❿ 문제를 모두 발견하고, 정리하고, 사진을 찍었으면 워크북에 매니
저의 서명을 받도록 한다. 이때 매니저는 소속 팀이 본 매뉴얼에
기술된 대로 '기존에 잘 정의되지 않은 문제'인지 '구조화되지 않은
문제'인지 따져보아야 한다.

구조화되지 않은 문제

- 정해진 정답이 없는 문제들 중에서도 특히, 모순이 존재하는 문제를 '구
  조화되지 않았다'고 정의한다.
- 예를 들어, 인도네시아 마두라 지역에서 밤에는 집의 구조 때문에 차가
  운 바람이 집 안으로 그대로 유입된다.
- 그러나 바람이 그대로 유입되는 집의 구조는 낮 동안의 더운 집안 공기
  를 순환시키는 작용을 한다.
- 따라서 밤에는 바람을 차단하고, 낮에는 바람을 통과시켜야 하는 모순
  이 존재한다.

⓫ 워크북의 '중요도 판단기준표'를 활용하여 여러 문제 중에 팀에서
해결할 문제를 하나 정한다.

지금 해결해야 할 문제 선정

- 중요도 판단기준에는 '지역주민 의견', '문제 해결 시급성', '복잡성'을 고
  려하고, 다른 추가 기준을 팀 내에서 상의하되, 이 단계에서 '돈'은 포함
  하지 않도록 한다.

- 5가지의 문제점마다 각각 판단기준표에 근거하여 점수를 주도록 한다. 예를 들어, 시급성의 경우 '문제 1'이 가장 시급하다면 점수 5점을 주고, '문제 2'가 가장 시급하지 않다면 점수 1점을 주도록 한다.
- 각 문제에 대한 합계 점수를 바탕으로 가장 높은 점수를 받은 문제를 해당 팀이 해결해야 할 문제로 결정한다.

⑫ 문제가 정해졌으면, 다시 한 번 더 팀 내에서 논의하여 해당 문제를 공학적 글쓰기에 근거하여 '정의'하도록 한다.

⑬ 매니저는 팀에서 정한 문제 정의를 꼼꼼히 읽어보고 검토한 후, 최종 서명을 한다.

⑭ 매니저의 서명을 받고 나면, 본부로 이동하여 '문제 발견' 단계에 주어진 과제를 제출하고 스탬프를 받는다.

미 션 '학생 워크북'의 미션은 다음과 같다.

미션
내용 각 팀은 해당 고아원과 마을의 당면한 문제를 5가지 이상 발굴하고, 중요도 판단기준표를 활용하여 팀에서 해결할 문제를 하나 결정하라. (스탬프 1~4)

미션 성공 여부에 따른 스탬프 지급 기준은 다음과 같다.

평가
기준 1개: 5개 문제 정의, 판단기준표
2개: 5개 문제 정의, 판단기준표, 문제 상세기술
3개: 사진, 5개 문제 정의, 판단기준표, 문제 상세기술
4개: 사진, 인터뷰, 5개 문제 정의, 판단기준표, 문제 상세기술

과 제 해결해야 할 당면 과제에 대한 문제카드를 작성하라.

> **당면 과제에 대한 문제카드**
> - 해당 과제를 가장 잘 설명할 수 있는 키워드 중심
> - 일반인들이 추가 설명 없이 이해할 수 있는 쉬운 용어
> - 영어 단어 기준으로 5개 단어 미만
> - '3.2 아이디어 도출' 미션 시작 전 확인

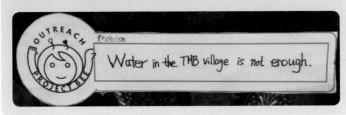

핵 심 ① 학생들이 직접 느끼는 불편함을 문제로 정의하지는 않는가?

② 해결책을 미리 염두에 두고 문젯거리를 찾지는 않는가?

③ 학생들이 찾은 문제에 모순이 존재하지는 않는가?

④ 문제를 잘 정의하고 기록하였는가?

참 고 '문제 발견' 미션에서 이전 참가 학생들이 실제 찾은 문제들을 수질, 조명, 모기, 전기, 쓰레기, 환기, 빨래건조, 누수, 의식을 기준으로 분류하였다.

① 수질

> **하수(배수)시설 미흡**
> - 폐수를 바다나 강으로 바로 버리기 때문에 하수시설이 부족한 것을 알 수 있었습니다. 도시 전체의 하수시설을 설계하는 것이 어렵다면 가정용으로 할 수 있는 장치 마련이 필요합니다.

물탱크 물이끼 및 부유물

- 물탱크를 간편하게 청소하는 장치나 이끼 등 부유물을 걸러주는 장치, 물탱크를 열어 놓지 않게 설계하는 장치가 필요합니다.

- 물통 자체도 관리가 제대로 되어 있지 않아서 몹시 더러운 상태였습니다. 청소가 용이하도록 하는 방법, 물을 정수하는 방법이 고안되어야 합니다.

정수시설 미흡

- 마을 주변 물의 오염으로 식수, 생활용수가 부족합니다. 우물의 물 또한 인접한 바다로 인해 소금기가 많으며 정수기를 설치하였지만 소금기로 인해 고장이 났습니다.

- 마을 사람들은 하루에 평균 45L 정도의 물을 필요로 하기 때문에 이 물을 마트에서 사서 이용함으로 인한 시간적, 금전적 손해가 심각합니다.

❷ 조명

창문 규격과 높은 천정으로 인한 채광의 어려움

- 창문이 작아 들어오는 빛의 양도 적어 낮에도 어둡습니다.

- 옆 건물 때문에 창문을 나무판으로 막아 채광이 어려웠습니다. 또한 전등이 높은 곳에 있으며 한 개의 전등으로 방을 비추기에 어려웠습니다.

가로등 부족

- 마을에 가로등이 많이 부족합니다.

❸ 모기

모기 및 해충

- 유리가 없는 창문도 많아 아이들이 거주하고 있는 공간에 벌레 사체나 모기, 먼지가 눈에 띄게 쌓여 있었습니다.

❹ 전기

전기 배선

- 전선이 깔끔하게 정리가 되지 않고 흩어져 있어 발에 걸려 넘어질 수도 있었습니다.
- 전기 배선이 위험해 보이며 낡고 낙후되었습니다.

값 비싼 전기 요금

- 전기를 사용할 수 있는 설비는 되어 있으나 재정의 문제 때문에 값 비싼 전기료를 감당하기 힘들어 하는 것 같습니다.

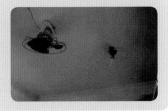

⑤ 쓰레기

쓰레기 처리

- 쓰레기장이 근처에 있는데도 불구하고, 사람들 인식 때문인지 쓰레기를 그냥 아무 곳에나 버리고 그곳이 또 하나의 쓰레기장이 되는 사태가 있었습니다.
- 마을 사람의 수입원 중 하나는 버려진 쓰레기를 씻어서 파는 것입니다. 하지만 되팔지 못한 나머지 쓰레기는 아무 곳에나 방치되어서 병균의 근원지가 되고 있습니다.

⑥ 환기

통풍의 어려움

- 창문을 나무로 막아 방 안이 매우 습하고 냄새가 납니다.
- 실내 화장실의 경우, 문과 창문이 없어서 실내로 습한 공기와 악취가 들어왔습니다.

대기 오염 및 소음공해

- 인도와 도로의 구분이 없기 때문에 가끔 차가 지나가면 숨쉬기가 곤란할 정도로 매연이 심했습니다.
- 방음 시설이 미약하여 소음 공해가 심합니다.

❼ 빨래 건조

비위생적 빨래 건조

- 하루에 한 차례 이상 비가 오는 우기에는 빨래가 잘 마르지 않고 있었습니다. 많은 아이들이 생활하는 곳인 만큼 빨래의 양이 많아질 수밖에 없습니다.

❽ 누수

옥상 및 지붕 수리, 노후화로 인한 누수 문제

- 옥상 청소가 안 되고 정돈이 안 되어 있어 배수의 어려움이 있었습니다. 이로 인해 물이 고이고 푸른색 이끼가 끼며 악취가 심하고 모기가 많았습니다.

- 비가 많이 올 경우, 낮은 턱으로 비가 넘쳐흘러 학생들의 침실로 들어갔습니다.

❾ 의식

정리정돈 및 의식

- 물을 사용하는 세면대의 환경도 깨끗하지 못했습니다.

- 고아원을 둘러보는데, 옷장이 있는데도 불구하고 옷들이 바닥에 뒹굴고 있었습니다. 개인 사물함이 있지만 사물함은 텅텅 비어 있었습니다.
- 특히 정돈되지 않은 것들 때문에 위생의 문제가 발생하는 것 같습니다. 다른 파견 학생들은 이런 정돈되지 않은 점들에서 아이디어를 내어 제품을 만드는 것도 좋을 것 같습니다. 또한 아이들에게 질서나 정돈에 대한 교육도 필요하다고 여겨집니다.

나는 아주 행복한 사람입니다

우리들이 방문하는 모든 지역에는 우리가 해결해야 할 문제들이 이미 존재한다. 그것은 그 지역에 거주하는 주민들이 오랫동안 불편하게 생각해온 문제들이다. 이러한 문제에 대해 논의하고, 공학에 기초한 적절한 해결책을 제시하여 주면, 그 자체가 공학봉사가 될 수 있다.

그러나 많은 경우 학생들은 자신들이 불편하다고 느끼는 사항을 문젯거리로 찾는 습성이 있다. 우리가 방문한 어떤 지역에 화장실 시설이 낙후되어 있고, 부엌에 물때가 끼어 있고, 방 안에는 습기가 차 있고, 밤에 공부방이 너무 어둡고, 전기배선 피복이 벗겨져 있고, 더운데 선풍기 하나 없고, 모기와 파리가 많아 활동하기 힘들고, 믿고 먹을 만한 깨끗한 물이 없다면 어떨까? 언급한 이 모든 것들이 학생들에게는 문젯거리로 생각이 될 것이다. 그러나 그곳

에 거주하고 있는 사람에게 무엇이 불편한지 물어보면 대부분 빙그레 웃을 뿐 불편한 것이 전혀 없다고 말한다.

그렇다면 무엇이 지역주민이 생각하는 문제일까? 인도네시아

브로모 화산지역의 응아디레조 마을에서 홈스테이를 운영하는 한 주민은 무엇이 불편한지에 대한 물음에 이렇게 답하였다.

"제가 사는 집에는 불편한 것이 아무것도 없어요. 지금의 생활에 만족하며 잘 살고 있습니다. 다만, 윗동네에 아직 전기가 보급되지 않아 밤에 활동이 제한되는 것이 조금 불편해 보여요."

인도네시아 항만도시 수라바야의 작은 고아원 원장은 고아원에 필요한 것이 무엇인지 묻는 물음에 이렇게 답하였다.

"고아원 건물이 좁고 습기가 많이 차서 조금 불편하지만, 그래도 이 정도는 괜찮아요. 오히려 옆 동네 KTR 마을은 500여 가구가 모여 사는 큰 동네임에도 불구하고 버스도 다니지 않고, 밤이면 너무 어둡고, 또 바닷가 근처라 지하수에도 소금기가 많아 지내기가 불편한가 봐요. 도움을 주실 거라면 우리 고아원보다 그 마을을 추천합니다."

그들의 대답에서 찾을 수 있는 공통점은 두 사람 모두 정작 자신의 불편함보다는 다른 이웃의 불편함에 대해서 관심을 가지고 언급한 것이다. 일반적으로 대부분의 사람들은 자기 자신의 불편함이나 문젯거리는 잘 찾지 못하지만, 이웃이나 다른 사람의 문제들에 대해서는 좀 더 쉽게 접근하는 경향이 있다. 정작 그들의 대답을 듣고 찾아간 윗동네 마을이나 KTR 마을 주민들은 또 별로 불편한 것이 없다고 대답하였다.

따라서 지역의 문제를 찾는 것에 대해서는 정답이 없고, 여러 사람의 의견을 종합하고 주변 환경을 고려해서 가장 시급해 보이는 것을 문제로 정의하는 방법이 있을 뿐이다.

벽을 막을 수도 없고 안 막을 수도 없다

문제를 찾는 것이 첫 번째 도 전이라면, 찾은 문제를 제대로 정의하는 것은 더 큰 도전이다. 문제를 부적합하게 정의하면, 그 에 따른 해결책도 부적합해질 수 밖에 없다. 엉뚱하고 재미있는  의견이 때때로 창의적으로 생각되어지는 경우가 있지만, 답변이 질문에 부합 할 때 더 큰 의미를 가진다.

소금밭으로 유명한 인도네시아 마두라섬 지역의 남쪽 작은 마을인 '스레세' 에는 마을에서 유일하게 자녀들을 대학에 보낸 선생님 출신의 촌장님이 살고 계신다. 집 근처 지역시장에서는 싱싱한 해물을 손쉽게 구할 수 있기 때문에 우리가 방문할 때마다 지역 특산물인 꽃게(라중안)을 삶아서 주시는데, 값이 아주 싸고 그 맛은 일품이다. 집 구조도 매우 특이해서 천장이 아주 높고 벽 부분이 뚫려있어 더운 한낮인데도 집 안은 시원하다. 그 날도 꽃게를 먹으면 서 감탄을 하고 있는데, 옆에서 조용히 말씀하셨다.

"우리 마을의 대부분의 집은 이렇게 벽이 뚫려있어요. 그래서 더운 열기도 집 안에 잘 닿지 않고 바람이 잘 통해 아주 시원하죠. 그런데 바람이 많이 부 는 날이면 먼지도 집 안으로 많이 들어오고, 특히 밤이면 기온이 뚝 떨어지기 때문에 사람들이 쉽게 감기에 걸리는 문제가 있습니다."

열대지방 사람들도 추울 때가 있고, 또 감기에 걸린다는 얘기가 다소 엉뚱하게 들렸지만, 여러 사람들이 비슷한 얘기를 해주었기 때문에 결국 수긍하게 되었다. 당시 참가자들 중의 한 학생은 촌장님의 말씀을 이렇게 정의하였다.

"사람들이 감기에 걸리면 몸에 열도 나고 활동을 잘 못하니까 큰 문제입니다. 우리가 바람을 안 불게 하지는 못하니까 문제는 사람들이 찬바람 때문에 '감기에 쉽게 걸린다'입니다."

그런데 이 학생의 문제 정의가 과연 제대로 된 것이었을까? 이 경우 '감기'에 안 걸리게 하는 다양한 해결책 중 하나를 선택해야 하고, 학생들은 '감기'에 대한 정보를 수집해야만 했다. 그러나 감기에 안 걸리게 하는 방법은 공학적인 것보다 의학적인 접근이 더 필요한 부분이었다.

반면, 어떤 학생은 '벽 윗부분이 뚫려있어 찬바람이 집 안까지 들어오는 것'으로 정의하였다. 뚫려있는 부분을 막는 다양한 방법을 나열한 후 가장 적합한 방법을 찾으면 될 것 같았다. 그러나 벽의 구멍을 막을 경우 1년의 대부분을 밀폐되어 더운 집 안에서 생활해야 되는 더 큰 문제를 만들게 된다. 그렇다면 구멍을 막을 수도 없고 그렇다고 그대로 둘 수도 없는 상황을 다음과 같이 문제로 정의하면 어떨까? '벽 구멍을 막으면 낮에 덥고, 벽 구멍을 막지 않으면 밤에 춥다.'

이렇듯 사람이 느끼는 감정 자체에서 문제를 찾는 것이 아니라, 실제 사실에서 모순이 존재하는 문제를 찾는 것이 구조화되지 않은 문제 정의이다. 이렇게 문제를 정의하고 나면, 참가자들이 바로 즉흥적으로 해결책을 도출할 수 없게 된다.

천상천하
유아독종

예전에 아주 어릴 때 동네에 '개바지'란 것이 유행했었다. 지금으로 치면 '나일론 느낌의 굵은 털실로 짠 것' 같은 재질에 몸에 달라붙는 스키니같은 바지로, 색깔도 분홍색이 많았었던 것 같다. 왜 '개바지'라고 불리게 되었는지는 정확히 알 수 없지만, 어린 마음에도 그 개바지가 입기 싫었다. 바로 밑에 3살 터울의 여동생이 이 '개바지'를 입고 있는 것을 보고 어린 마음에 "개바지를 입었으니 너는 개야."라며 자주 놀렸었다. 그날도 동생을 일단 울리는 데는 성공했지만 몇 번 같은 상황이 반복되다보니 흥미를 좀 잃어가고 있었다. "변소가서 똥바가지에 똥을 퍼오면 넌 더 이상 개가 아니야."라는 말도 안 되는 얘기를 했는데, 어린 동생은 그 말을 그대로 믿었었나보다. 실제로 똥바가지에 똥을 약간 퍼 가지고 와서는 내 앞에서 이렇게 말했었다. "오빠, 똥 퍼왔으니까 나 이제 개 아니지?" 나는 당황스럽기도 하고, 어이없기도 했지만 역시 그때는 나도 너무 어렸었다. "윽, 냄새나. 저리 치워. 이제 똥이 개바지에 묻었으니 넌 지금부터 똥개야."라고 동생을 더 울리고 말았다.

어머니와 누나는 이런 나를 '밴통쟁이'라 불렀는데, 아마도 '변통'과 '장이'를 합쳐 사투리가 된 것 같다. '변통'은 '융통성'을 뜻하는 말인데 왜 '심술쟁이'라 부르지 않고 '밴통쟁이'라 불렀을까 지금도 알지는 못한다. '머리를 동생 울리는 데나 쓰는 심술쟁이'란 정도로 받아들이면 되지 않을까.

예전이나 지금이나 나는 여전히 '밴통쟁이'인 것 같다. 어린 마음의 '심술'은 자라면서 많이 없어진 것 같지만 특유의 '짓궂음'은 여전히 남아있다. 그리고 거의 매번 어떤 상황을 특이한 형태로 '꼬으고 비유하는' 것을 스스로는 '재치 있다'고 생각하고 있다. 사람들은 '춥다', '썰렁하다', '이 분위기 어쩔거야'라면서 재미없어하지만 나는 어떤 상황에서도 '춥고 썰렁한 미묘한 분위기'를 만들어내는 내가 '재미있다'고 여기고 있다.

'상상력', '창의력', '가능성' 등에 대해서 얘기할 때 나는 자주 이렇게 시작한다. "너 정말 독하네. 천상천하 You are a 독종." 상상력, 창의력, 가능성 등의 처음 시작은 '듣고 보지 못한 것'을 '처음으로' 끄집어내는 '엉뚱함'과 '기발함'에서 시작되는 것이라고 믿는다. 어디서 들어본 듯한 '말장난'은 지겹고 썰렁하지만, 처음 접해보는 '말장난'이라면 새롭고 재미있을 수 있다. 최근 들어 이런 '말장난'을 많은 광고매체에서 심심치 않게 찾아볼 수 있는데, 아주 긍정적인 현상이라고 생각한다. 한 명이 재미있어하면 '말장난'이고, 두 명이 재미있어하면 '변통'이고, 여러 명이 재미있어하면 '슬로건'이 될 수 있는 것이다.

3.2 아이디어 도출

개 요   여러 가지 당면한 문제 중에서 지금 당장 해결해야 될 문제를 발견하고 정의하였으면, 다음 단계는 이 문제를 풀 수 있는 '해결책'을 찾는 일이다. 해결책을 찾는 방법에는 여러 가지가 있겠지만, 보통 팀 단위에서 단시간에 해결책을 도출해내는 효과적인 방법은 '브레인스토밍'이다. 브레인스토밍 기법은 팀원 모두가 각자가 생각하는 아이디어를 자유롭게 이야기하는 방법이지만, 효율을 기하기 위해 '포스트잇'을 몇 장씩 나누어 본인의 아이디어를 적어보게 하는 것이 좋다. 그리고 그것을 모두 수거하여 벽에 붙인 후 아이디가 적은 소수의 의견부터 들어보는 것이다. 이렇게 하면 일반적인 해결책에서부터 전혀 엉뚱한 해결책까지 다양한 관점을 모두 들여다볼 수 있다. 브레인스토밍 단계에서는 어떤 아이디어라도 나올 수 있지만, 그 아이디어를 이러한 변수(환경, 인력, 예산, 시간)에 대비해서 가장 현실성 있는 최종 아이디어를 선택해 내는 과정이 필요하다. 여러 가지 '해결책' 중에 가장 접합한 것이 정해졌으면, 이 아이디어에 대한 설명을 앞서 교육한 '공학적 글쓰기'에 근거하여 작성시킨다. '아이디어명', '개요', '키워드' 등을 뽑아내어서 적게 한다. 또한, 대략적인 개념스케치를 첨부하도록 한다. 어떤 아이디어든지 먼저 개념적인 그림을 간략하더라도 그려보는 것이 가장 먼저 해야 할 일이다. 잘 그려진 개념스케치에서 해당 아이디어의 성공가능성을 미리 점쳐볼 수도 있다.

시 간 6시간

질 문 해결책을 찾는 효과적인 방법은 무엇인가?

브레인스토밍이란 무엇인가?

여러 아이디어 중 어떤 아이디어를 최종적으로 선택할 것인가?

목 적 참여 학생들이 스스로 찾은 문제에 대해 직접 해결책을 제시할 수 있도록 브레인스토밍과 아이디어 선정 기법을 활용해야 한다. 이 단계에서 주어진 환경, 인력, 예산, 시간을 제한조건으로 두고 가장 현실성 있는 아이디어를 선택할 수 있도록 유도한다.

준비물 포스트잇, 문제카드, 문제해결카드

준 비 브레인스토밍 기법에 대해서 이해하고, 미리 포스트잇을 준비해둔다. 또, 아이디어 선정 기법과 판단기준을 이해해야 한다.

교 육 ❶ 먼저, 학생들에게 '3.1 문제 발견'에서 찾은 문제를 '문제카드'에 적게 한다. 이때 영어 단어 기준으로 5개 단어 내외로 작성하도록 한다.

❷ 모든 팀이 각자 자기 팀의 문제를 차례대로 이야기하게 한다. 이때 한 팀당 30초를 넘지 않게 한다.

❸ 이제 팀별로 헤쳐 모여서 '브레인스토밍'을 통해서 다양한 아이디어를 제안하도록 한다. 아이디어를 내는 단계에서는 지금까지 교육받았던 창의발명기법, 설계교육을 참고로 하여 최대한 '정리된 프로세스'로의 아이디어를 생각한다.

브레인스토밍 기법

● 브레인스토밍을 효율적으로 진행하기 위해서 각 팀원에게 포스트잇 5 장씩을 나누어준다. 각 팀원은 20분간 본인 혼자 생각하고 고민해서 포스트 1장당 아이디어 하나씩을 적도록 한다. 이 단계에서는 어떤 아이디어든 평가절하해서는 안 된다. 다소 엉뚱하거나 황당한 아이디어라도 다 받아주어야 한다.

● 팀원의 포스트잇을 모두 모아서 비슷한 아이디어끼리 함께 모은다. 비슷한 생각을 많이 했다고 해서 반드시 좋은 아이디어는 아니라는 것을 한 번 더 상기하도록 한다.

● 포스트잇이 가장 적게 붙은 아이디어를 낸 사람부터 간략하게 아이디어에 대해 설명을 한다. 실현 불가능한 아이디어는 읽어만 보고 넘어가도록 한다.

● 이 과정에서 해당 아이디어에 대한 설명을 듣고 난 후 팀원들은 적극적인 토론을 통해 장점, 단점, 문제점, 개선 의견 등을 나눌 수 있다.

❹ 이 중에서 실현가능한 5가지 아이디어를 뽑아서 워크북에 기록한다. 아이디어명과 설명을 공학적 글쓰기에 근거하여 작성한다.

❺ 워크북의 '아이디어 선정표'를 이용하여 5가지 아이디어 중에서 가장 현실성 있는 최종 아이디어를 선택한다.

> **최종 아이디어 선정**
> • 5가지 아이디어를 '아이디어 선정표'의 가로 열에 채운다.
> • 아이디어 판단기준인 '현지 적합성', '팀 부합도', '제한 시간', '제한 금액', '창의성', '제작 용이성'을 기본으로 하고, 추가로 2가지 정도 더 상의하여 기입하도록 한다.
> • 아이디어 중에 가장 적은 금액이 든다면 점수 5점을 주고, 가장 많은 금액이 든다면 점수 1점을 주는 식으로 전체 표를 완성해나간다.
> • 합계 점수가 가장 높은 아이디어를 해당 팀의 최종 아이디어로 선정한다.

❻ 최종 선정된 아이디어에 대해서 다시 한 번 더 논의하도록 한다. 최초에 해당 아이디어를 낸 사람을 중심으로 조금 더 세부적인 해결방안을 논의하도록 한다.

❼ 다음 단계로 해당 아이디어 설명을 워크북에 기록한다. '아이디어명', '개요', '키워드'를 반드시 작성한다.

❽ 해당 아이디어에 대한 개념적인 그림을 그려보도록 한다. 이 단계에서는 정확한 크기, 재료, 재질 등을 아직 고려할 필요는 없다. 다만, 최종 완성되었을 때의 예상도를 간략히 스케치해 보도록 한다.

❾ 매니저는 반드시 이 단계에서 해당 아이디어의 성공가능성을 예측하여 팀원에게 검토의견을 제시하도록 한다. 아이디어에 대한 직

접적인 개선의견보다는 제시된 아이디어의 문제점에 대해서 지적하여 학생들이 스스로 개선점을 찾아볼 수 있도록 초점을 맞춘다.

⑩ 매니저는 아이디어 설명과 개념스케치에 대한 확인 서명을 한다. 서명이 끝나면 학생들은 워크북을 지참하여 '본부'에 가서 검토를 받고 스탬프를 받는다.

미 션 '학생 워크북'의 미션은 다음과 같다.

 각 팀은 브레인스토밍을 통해 5개 이상의 아이디어를 선정하고, 아이디어 선정표를 이용하여 가장 적합한 아이디어를 문제의 해결책으로 선정하라.
(스탬프 1~4)

미션 성공 여부에 따른 스탬프 지급 기준은 다음과 같다.

평가 기준

1개: 5개 아이디어, 아이디어 선정표

2개: 브레인스토밍, 5개 아이디어, 아이디어 선정표

3개: 사진, 브레인스토밍, 5개 아이디어, 아이디어 선정표, 아이디어 공학적 기술

4개: 브레인스토밍, 5개 아이디어, 아이디어 선정표, 아이디어 공학적 기술, 개념 스케치

과 제 팀에서 선정한 아이디어로 '문제해결카드'를 만들어라.

팀별 문제해결카드

- 해결책을 가장 잘 설명할 수 있는 키워드 중심
- 일반인들이 추가 설명 없이 이해할 수 있는 쉬운 용어
- 영어 단어 기준으로 10개 단어 내외

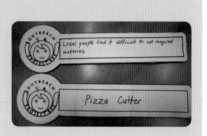

핵 심 ❶ 브레인스토밍 기법에 따라 아이디어를 도출하는가?

❷ 아이디어 판단기준에 근거하여 최종 아이디어를 선정하는가?

❸ 공학적 글쓰기에 근거하여 아이디어 설명을 작성하는가?

❹ 창의발명기법, 설계교육 내용을 아이디어 도출에 반영하는가?

❺ 각 팀의 구성원의 전공 및 특기를 잘 발휘할 수 있는 아이디어가 선정되었는가?

참 고 다음은 아이디어를 어떻게 도출해야 하는지에 대한 설명이다.

아이디어 도출 설명

- '기린을 냉장고에 넣을 수가 없다'라는 문제에 대해서 '기린보다 큰 냉장고를 만들어요'라는 아이디어가 나왔다고 가정해보자.
- 이 경우 아이디어는 '기린의 키를 잰다. 기린보다 큰 냉장고를 고른다. 냉

장고 문을 연다. 기린을 넣는다. 냉장고 문을 닫는다'로 정리되어야 한다.

- 이 문제는 기린보다 큰 냉장고를 만들어야 해결되는 것이 아니라, 기린을 냉장고에 넣어야 해결되는 것이다.

- 이런 문제를 해결하기 위해서 냉장고를 새롭게 만드는 것은 대단히 비현실적인 해결책이다. 주어진 환경, 인력, 예산, 시간으로 냉장고를 만들어 낼 수는 없다.

홍길동이 기린을 냉장고에 넣는 방법

많은 경우 해결책을 찾는 과정은 '기린을 냉장고에 넣는 방법'에서 유추해 볼 수 있다. 해결책이란 말 그대로 주어진 문제를 해결하는 '해답'이다. 즉, 기린을 냉장고에 넣는 999개의 방법 중에서 하나를 선택하면 된다.

어떤 사람은 기린을 토막 낸다든지, 목을 부러뜨린다든지 하는 극단적인 방법을 이야기한다. 물론 그것 또한 해답의 하나이기는 하다. 그러나 이성적으로 최소한 기린의 목숨을 앗아가면서까지 냉장고에 넣어야 하는지에 대한 윤리적 책임이 남는다. 애초에 누가 먼저 기린을 냉장고에 넣을 생각을 했는지, 또 기린을 냉장고에 넣을 경우 누구에게 혜택이 돌아가는지가 더 중요하게 생각되어야만 한다.

인도네시아 스레세 마을에서 우리가 찾은 '벽 구멍을 막으면서도 막지 않는 방법'에 대한 해결책으로 돌아가 보자. 막아도 막은 게 아니고, 있어도 있는 것이 아닌 어떤 것이 과연 존재할까? 형이 있어도 형이라 부르지 못했고, 아버지를 아버지라 부르지 못했던 홍길동이 꼭 이런 심정이었을지 모른다. 그러나 불가능해 보이는 마술도 트릭을 알고 나면 간단해지는 것처럼 복잡한 모순의 해결도 비밀을 알고 나면 의외로 쉬워질 수 있다. 이 경우에도 가능한 해결책 중의 하나는 '스레세 마을의 바람 구멍을 밤에만 막는 방법'이다.

팀에 소속되어 있는 한 학생은 이렇게 제안했다.

"벽 위쪽 면 구멍에 스테인리스 커버를 만들어 붙이고 풍력감지센서와 모터장치를 달아 자동개폐 되게 합시다. 풍력감지센서가 어렵다면 조도센서를 달아 밤에는 닫히고 낮에는 열어두게 하면 좋을 것 같습니다."

그러나 마두라섬 마을에서 구할 수 있는 재료와 그곳에 머물러 있던 며칠 동안 직접 만들어야 될 뿐만 아니라, 고장이 나도 다시 방문하여 고쳐줄 수 없는 상황이었기 때문에 이 해결책은 공학전공의 냄새가 많이 났음에도 불구하고 채택할 수 없었다.

결국 다른 학생의 다음과 같은 해결책이 채택되었다.

"구멍에 맞는 나무틀을 만들고 그 위에 천을 붙여서 바람을 막아주고, 손잡이를 달아서 필요할 때 사람이 직접 열고 닫을 수 있게 만들면 좋을 것 같습니다."

이 해결책에 필요한 모든 재료는 현지에서 직접 구할 수 있을 뿐만 아니라, 하루나 이틀 정도에 쉽게 만들 수 있고, 또 고장 걱정도 없었다. 이렇듯 아이디어 도출 단계에서 중요한 것은 좋은 아이디어뿐만 아니라 현실적인 제한조건을 고려한 아이디어를 제시해야 한다는 것이다. 실현 불가능한 아이디어를 최종 해결책으로 채택하면 그 팀의 활동은 거기서 끝나게 되고, 지역 주민에게 아무런 도움을 주지 못하고 돌아오게 된다.

내가 최초의 발명가

도쿄의 어느 수족관에서 실제 '도미'와 똑같이 만든 '물고기로봇'을 전시한 적이 있었다. 몇 억이나 되는 돈을 투자해서 만들었지만, 사람들의 반응은 시들시들하였다. 실제로 살아있는 물고기를 풀어놓는 것과 다를 바가 전혀 없었기 때문이었다. 고심 끝에 로봇처럼 보이는 '물고기로봇'을 만들어서 수족관에 풀어놓았더니 사람들이 폭발적으로 관심을 보였다. 이 이야기의 교훈은 '잘 만드는 것' 보다 '목적에 맞게 만드는 것'이 중요하다는 것이다. 군 사용으로 적진에 정찰과 같은 목적으로 사용될 때는 실제와 똑같을 뿐만 아니라 기계장치의 소음 또한 없어야 하지만, 전시용일 때는 좀 더 로봇답거나 적절한 기계 소리가 더 적합할 수 있다는 이야기다.

'물고기로봇'을 제작할 때 대부분 연구자가 당면하는 문제는 물고기를 어떻게 수직방향으로 움직이게 할 것인가이다. 실제 물고기의 부레 역할을 할 기계장치에 대해서 몇 가지 아이디어가 나왔지만, 개인 사정상 실제 제작되지는 못하고 흐지부지 되고 말았다. 정부가 4대강 사업에서 '물고기로봇'을 사용할 계획이란 이야기를 다시 접하기까지 몇 년의 시간이 지났다. '과연 제대로 구현해낼 수 있을까?'라는 의문을 잠시 품었지만, 그로부터 또 1~2년이 흘렀고, 4대강 사업에서 '물고기로봇'은 없던 이야기가 되고 있었다. 그런데 최근에 가까운 실험실에서 누군가가 '물고기로봇'을 제작한다는 말을 듣게 되었고, 우연찮은 기회에 담당자와 대화를 할 기회가 있었다. 나는 물고기의 부레 역할을 하는 장치를 어떻게 설계했는지에 대해 물었지만, 담당자는 특허 관련 작업을 진행 중이라서 말할 수 없다고 하였다.

"저는 압축공기를 넣었다 뺐다 할 수 있는 피스톤 장치를 만들 생각이었어요. 모터의 원 운동으로부터 피스톤의 좌우 운동을 구현해 주는 장치는 기어를 사용하면 간단히 만들 수 있을 거예요."라고 이야기하자, 담당자의 눈이 빛나기 시작했다. "어, 바로 그게 지금 특허 진행 중인 장치예요." 유쾌하게 웃는 담당자에게 내가 말했다. "이런, 진작 만들걸. 역시 나의 문제는 생각만 하고 실천에 옮기지 않는 겁니다. 하하"

사람들은 생각하는 게 비슷하다. 어떤 장소에서 어떤 교육을 받고 자라든지 간에 인간에 내재해 있는 '창의력'의 코드는 비슷한 것 같다. 작년까지 마이크로소프트에서 야심차게 진행시켰다가 미완으로 끝난 듀얼스크린 태블릿도 10여 년 전 실험실 동료들에게 야심차게 이야기했던 '리얼북'과 너무나 닮아 있었다. 카드 사용 후 적립되는 포인트를 모두 모아 통합포인트로 사용할 수 있는 홈페이지도 6년 전에 생각했지만, 박사 후 과정을 마치고 귀국했을 시기에 비슷한 홈페이지의 개통 소식을 들었다. 그런데 이런 이야기를 하면 대부분의 사람들은 '진작 먼저 만들지 왜 안 만들었어요?'라고 말한다.

이렇게 행동으로 옮기지 않는 아이디어는 결국 귀한 대접을 받지 못한다. 그러나 말만 앞서는 '우유부단함'으로 비추어질지라도, 비록 실제로 구현되지 못해서 '허접하게' 비추어질지라도 아이디어를 내는 것을 멈추어서는 안 된다고 본다. '기발한' 아이디어는 처음부터 나오는 것이 아니라 그 이전의 수십 번의 '허접한' 아이디어로부터 나오는 것이다. 어떤 사람이 낸 기발한 아이디어가 나의 '허접한' 아이디어와 비슷하다면, 내 '허접한' 아이디어에 대해서 스스로 칭찬하고 지속적으로 아이디어를 내도록 하자. 왜냐하면 나 스스로는 '내가 최초의 발명가'라는 것을 알고 있기 때문이다.

3.3 제품 설계

개 요 제품 설계는 앞서 개념적으로 그려본 스케치를 '현실화'시키는 과정이다. 제품 설계 단계에서 규격을 정확히 고려하고, 제대로 된 재료를 선택하면 이후 시행착오가 엄청나게 줄어든다. 각 팀이 해결해야 할 문제에 대한 최종 아이디어가 결정된 상태에서는 그 아이디어를 실제 구현하기 위한 '현실화' 작업이 필요하다. 컴퓨터를 활용한 CAD와 같은 설계툴을 이용할 수도 있고, 컴퓨터를 사용할 수 없는 경우에는 고전적인 방식으로 종이에 설계도를 직접 그려볼 수 있다. 제품 설계 과정은 기본적인 도면을 그리는 것에서부터 구입해야 할 재료목록을 정리하는 것까지 포함한다. 부품결합에 필요한 볼트, 너트 그리고 작은 못 하나까지 꼼꼼히 재료 목록에 기록해야 한다. 재료상에 가서 직접 보고 재료를 고르겠다는 학생에게는 강력하게 재료 구매 목록을 작성하도록 유도해야 한다. 모든 부품 하나하나를 구입하여 새로운 제품을 만들어낼 수도 있지만, 기존 제품을 구매하여 안정적으로 사용할 수 있는 시스템을 만들어낼 수도 있다. 다만, 이 경우 시스템 설계도를 작성해야 하고, 시스템 구성에 필요한 구매 목록을 작성해야만 한다.

시 간 5시간

질 문 제품 설계란 무엇인가?

어떤 재료를 선택해야 하는가?

어떤 크기를 선택해야 하는가?

어떤 무게를 선택해야 하는가?

설계도를 작성해보았는가?

재료 구매 목록을 만들어보았는가?

목 적 설계도에 제품의 형태, 재료, 크기, 무게를 반드시 기입하게 하고, 해당 제품을 구현하는 데 필요한 모든 재료를 목록으로 만들어야 한다. 이때 목록에는 구입처와 예상금액까지 반드시 포함하도록 한다.

준비물 컴퓨터와 설계툴, 큰 종이, 제도용 자, 연필, 재료별 구입처 목록, 설계도 샘플, 공구 설명, 설계용 프로그램

준 비 참가 학생들이 사용할 수 있는 컴퓨터 프로그램이 있으면 미리 준비하여 사용가능한 컴퓨터에 설치해 두도록 한다. 컴퓨터를 사용하지 않을 경우를 대비하여 설계도를 그릴 수 있는 용지를 따로 구매하여 준비한다. 어떤 가게에서 어떤 재료나 부품들을 구할 수 있는지 목록으로 만들어둔다.

교 육 ❶ '제품 설계' 미션은 보통 캠퍼스 안이나 외부와 분리된 공간에서 이루어진다. 각 팀은 각자의 장소에서 제품 설계를 진행한다. 컴퓨터를 별도로 사용할 수 있게 하되, 부득이할 경우 공용 컴퓨터실을 이용하게 할 수도 있다.

❷ 제품의 크기와 무게는 제품이 설치될 환경에 따라 달라진다. 어떤 위치에 어떻게 설치할 것인가를 신중하게 결정한다.

사용 환경 고려시 참고사항

- 전자부품이 포함되어 있으면서 비바람이 많은 외부환경에 노출될 경우 제품의 방수에 주의해서 설계해야 한다.
- 바닷가의 경우에는 공기 중에 염분이 포함되어 있어 쉽게 녹슬 수도 있다. 바다와 가까운 우물의 물을 끌어올리는 경우 전기모터가 쉽게 고장 날 수도 있다.
- 모든 제품은 고장이 언제라도 날 수 있다는 가정 하에 유지보수가 용이한 형태로 만들어야 한다. 불필요해질 경우 언제라도 철거가 가능하게 부분고정식으로 만드는 것도 고려해야 한다.
- 주택의 외벽을 직접 손대거나 천장을 뚫는 식의 설계는 처음부터 고려하지 않는 것이 좋다.
- 고장이나 유지보수가 필요한 경우 현지 주민이 직접 교체할 수 있는 구조로 설계하는 것이 바람직하다.

❸ 직접적인 설계도 작성에 들어가기 전에 만들고자 하는 제품의 상세 스케치를 그려봐야 한다. 이 단계에서 제품의 대략적인 크기, 무게, 재료 등을 논의해서 결정한다.

상세 스케치

- 먼저, 제품의 크기를 가늠해본다. 어느 장소에 설치되어야 한다면, 이미 제품의 크기는 그 장소로 인해 제한받게 된다.

- 다음으로 무게를 고려한다. 현지에서 구한 재료로 제작하는 것이 아니라 항공편으로 운송해야 되는 것이라면 최대한 가볍게 만드는 것이 좋다.

- 또, 어떤 재료로 만들어야 될지를 결정한다. 나무를 사용하면 쉽게 구할 수 있고 가공할 수 있는 반면에 튼튼하지 못할 수 있다. 또, 금속을 사용하면 튼튼하기는 하지만 가공이 힘들 수가 있다.

❹ 재료에 대해 선택할 때는 가장 먼저 근처에서 쉽게 구할 수 있는 것을 선택한다. 재활용되거나 싼 값에 쉽게 구할 수 있는 재료를 최우선으로 선택하고, '재료 구입처 목록' 중에서 어디에서 구할 수 있는지 반드시 알아둔다. 만약 특정 재료가 사전에 조사된 재료 구입처에서 구할 수 없다면, 어디에서 구할 수 있는지 파악해야 한다.

❺ 각 팀에서 사용가능한 공구를 파악하여 재료선택에 반영한다. 만약 사용가능한 공구가 없다면 공구 구입을 고려해 볼 수는 있으나, 먼저 재료를 바꾸어보도록 조치해야 한다.

❻ 상세 설계도는 학생들이 익숙한 컴퓨터 프로그램이나 제도용 도구를 사용하여 진행한다.

상세 설계도

- 먼저 각 학생이 사용가능한 프로그램을 준비해 놓도록 한다. 만약, 프로그램이 준비되지 않을 경우에는 부득이하게 '종이'에 제도용 도구를 사용해서 설계하도록 한다.

- 정밀한 기계장치나 전자부품을 개발하는 것이 아니라면 제품 설계도를 너무 자세히 그릴 필요는 없다. 이 단계에서의 설계도의 수준을 '업체'에서 제작하는 정도까지 요구하지는 않는다. 그러나 반대로 설계도를 너무 단순하게 만들면 만드는 과정에서 시행착오를 겪게 되고, 결국 시간과 예산이 낭비될 수 있다.

- 컴퓨터를 사용하여 설계를 한 경우라 하더라도 해당 설계도를 반드시 한 팀원의 워크북에 간략히 옮겨 그리도록 한다.

- 평면도, 상면도, 측면도 등을 그려 넣되, 공간이 부족할 경우에는 워크북 뒷면의 '노트'를 활용하도록 한다.

❼ 설계를 진행함과 동시에 다른 팀원은 재료 구매 목록을 정리하도록 한다.

> **재료 구매 목록 정리**
>
> • 필요한 재료 목록을 적고, 해당 재료의 규격, 수량, 예상단가를 기록하고, 비고에는 구입가능처를 적는다.
> • 예상단가와 구입가능처를 파악하기 위하여 인터넷을 활용할 수 있다. 만약 인터넷 활용이 불가한 경우라면, 경험에 기초하여 대략적인 정보를 기입하여도 된다.
> • 재료 구매 목록은 반드시 한 팀원의 워크북만을 이용한다.
> • 재료 구매 목록의 입력칸이 모자라는 경우에는 다른 팀원의 워크북을 이용한다.
> • 나중에 추가로 재료 구매가 필요한 경우에는 또 다른 팀원의 워크북을 활용한다. 즉, 팀원이 5명이면 총 5장의 '재료 구매 목록표'를 이용할 수 있다.

❽ 상세 설계도가 완성되면 매니저로부터 검토를 받고, 검토의견에 대한 개선점이 있으면 반영한다.

❾ 재료 구매 목록이 완성되면, 반드시 작성 학생이 서명한 후 매니저 서명을 받는다. 매니저는 설계도에 그려진 제품을 구현하는 데 필요한 모든 재료가 기입되어 있는지 확인해야 한다.

⑩ 스태프는 재료 구매 목록의 최종 금액을 확인한다. 만약 제한된 금액보다 최종 금액이 많으면 재료 구매 목록을 다시 작성하게 만든다. 이 경우, 학생들은 최종 금액을 맞추기 위하여 수량을 조정할 수도 있고, 재료를 다른 것으로 바꿀 수도 있다.

⑪ 각 팀은 재료를 구매하러 갈 학생을 선발한다. 만약 설계도 완성보다 먼저 재료 구매 목록이 정해지고, 매니저 서명까지 완료되면 해당 팀은 재료를 구매하기 위하여 일부 인원을 차출하여 보낼 수 있다. 재료를 구매하기 위해서 준비한 일정 금액을 지급하도록 한다.

⑫ 최종 스탬프는 설계도에 매니저 서명을 확인하고, 재료 구매 목록에 스태프의 서명까지 완료되면 지급한다.

미 션 '학생 워크북'의 미션은 다음과 같다.

> **미션 내용** 각 팀은 상세 스케치를 바탕으로 설계도를 완성하고, 재료 구매 목록을 정리하라(스탬프 1~4).

미션 성공 여부에 따른 스탬프 지급 기준은 다음과 같다.

> **평가 기준** 1개: 설계도, 재료 구매 목록
> 2개: 상세 스케치, 설계도, 재료 구매 목록
> 3개: 상세 스케치, 사용가능 공구, 설계도, 재료 구매 목록
> 4개: 상세 스케치, 사용가능 공구, 설계도, 재료 구매 목록, 재료 구매 담당자

과 제 재료 구매 전략을 수립하라.

핵 심 ❶ 제품 설계에 대해서 먼저 토론한 뒤, 제품 설계와 재료 구매 목록 만드는 데에 팀원을 적절히 배분하였는가?

❷ 컴퓨터에 설치된 프로그램을 활용하여 아이디어를 구현하기에 적합하도록 설계하였는가?

❸ 설계도 작성 단계에서 어떤 재료를 구매해야 하는지 생각하였는가?

❹ 재료 구입처 목록에 있는 장소에서 모든 재료나 부품이 구입가능한가?

❺ 재료 구매 목록을 만들 때 제한금액을 먼저 고려하였는가?

참 고   다음은 인도네시아 수라바야시의 '재료별 구입처'이다.

> **인도네시아 수라바야시 재료별 구입처**
> - 공구 및 건축자재: AJBS
> - 완제품 및 부속품: AJBS
> - 기계 및 전자부품: Kendung
> - 생활용품: 생활용품 도매상가
> - 일반 소모품: EEPIS 정문 근처 소매점

목수가 제 머리 못 깎는다

공학전공의 학생들은 문제의 종류에 상관없이 해결책으로 새로운 물건을 만들고 싶어 하는 경향이 있다. 같은 기능의 잘 만들어진 제품이 있는 경우에도 일단 만들려는 시도를 하고 본다. 물론, 제품 만들기에 대한 학생들의 관심은 반가운 일이지만, 그것이 제한된 환경에서 진행되는 프로젝트에서는 조금 달라져야만 한다.

주변 마을들을 잇는 중심에 위치하고 있는 인도네시아의 산간 시골마을 '따미아젱'은 시원한 기후 때문에 수련원과 숙박시설이 제법 많다. 마을을 관통하는 큰 도로를 경계로 위쪽은 초등학교가 위치하고, 아래쪽은 문방구, 슈퍼마켓, 작은 식당, 타이어 수리점, 재료상, 목공소 등이 자리 잡고 있다. 작은 식당에서 파는 현지 커피는 값이 싸고 맛도 좋아 그곳에 머무는 내내 우리에게 '따미아젱 스타벅스'가 되어 주었다. 그런데 바로 옆 목공소에서 톱밥이 길가에 날리고 있어 길을 오가는 사람들의 건강에도 좋지 않고, 보기에도 지저분해 보였다.

당시 현장에서 작업 중이던 한 팀은 그 목공소의 톱밥을 편리하게 수거하고 배출할 수 있는 탁자를 설계해 왔다. "저희는 목공 작업시에 남게 되는 톱밥을 수거하여 분리 배출할 수 있는 탁자를 만드는 해결책을 제시했습니다. 이에 맞추어서 목수가 실제 작업시에도 톱밥이 주변에 날리지 않는 '톱밥 분리 작업대'를 설계했어요. 보시는 바와 같이 구조도 단순하고, 재료도 쉽게 구할 수 있습니다. 더구나 저는 목공 일을 한 경험이 있기 때문에 쉽게 만들 수 있을 겁니다."

언뜻 보기에도 간단한 구조와 깔끔하게 그려진 설계도를 가지고 팀장은 자신 있는 어조로 말하고 있었다. 그러나 보통의 경우라면 바로 재료 구매를 시작하고 제품을 제작하도록 했겠지만, 이번 경우는 작업장의 환경을 더 고려해야 했다. 현실적으로 목수가 목공일을 할 때 사용해 오던 원래 자신의 작업대를 버리고, 학생들이 만들어주는 검증되지 않은 탁자를 사용하여 본인의 생업을 이어갈 수 있을까?

목수의 작업대는 커다란 나무를 올려놓고 작업을 해도 무너지지 않을 정도로 튼튼해야 하기 때문에, 겉모양보다는 안정성에 더 중점을 두고 설계해야 한다. 그러나 학생들의 설계도에는 작업대에 사용되는 목재의 강도에 대한 해석이 전혀 되어 있지 않았고, 하중에 대한 목재의 뒤틀림을 고려하지 않고 외형만 흉내 내어 그려져 있었다. 그래서 이 팀의 설계도는 프로젝트에 참여한 교수의 조언에 따라 톱밥만 효율적으로 분리 배출할 수 있는 '톱밥 분리수거함'을 제작하여 기존 작업대 옆에 부착하는 것으로 변경되었다.

이렇게 설계도를 변경하고 난 뒤의 작업은 일사천리로 진행되었다. 해당 팀은 작업에 필요한 재료를 모두 목공소에서 수급하고, 목수의 도움을 받을 수 있어서 다른 팀보다 훨씬 수월하게 작업을 마무리할 수 있었다. 이런 경험에서 알 수 있듯이, 제품 설계를 할 때에는 팀에서 만들고 싶은 제품보다 오히려 실제 제품을 사용해야 하는 사용자의 입장에서 필요한 제품을 만들려는 자세가 더 중요하다.

매트릭스의 주인공

워쇼스키 남매의 영화 '매트릭스'의 '자각하는 사람', '선지자', '파수꾼', '프로그래머', '키 메이커', '설계자'와 크리스토퍼 놀란 감독의 '인셉션'의 '설계자', '기억 조정자' 등은 모두 시스템을 만들고 유지하고 관리하는 사람들이다. 그들 외의 일반 시민은 시스템 안에만 존재하는 가상의 존재이다. 조셉 러스낙 감독의 '13층'에는 시뮬레이터를 통하여 우리가 사는 세상을 넘나드는 '부자'가 있다. 우리가 살고 있는 현실은 만들어진 것이며, 그 경계에는 아무것도 없다.

피터 위어 감독의 '트루먼 쇼'는 만들어진 세상 속에 살고 있는 한 '개인'의 삶을 보여준다. 폴 버호벤 감독의 '토탈리콜'에서는 본격적으로 인간의 기억을 가공하기에 이른다. 오시이 마모루 감독의 '공각기동대'에서 인간의 영혼은 디지털화된 전자두뇌에도 깃들어 있고, 심지어 사람은 죽어 없어져도 영혼은 네트워크 속을 돌아다닐 수 있다.

내가 이런 영화 속에 있는 인물이라면 전체적인 줄거리상 나의 존재는 주인공일 리는 없다. 나는 이야기를 만들어가는 주요한 인물들이 살고 있는 세상의 한 귀퉁이에 존재하기 때문에 줄거리에 어떠한 기여도 할 수 없다. 그것이 매트릭스, 꿈속, 가상현실, 조작된 세상, 조작된 기억, 디지털 네트워크로 표현되는 지금의 현실에 살고 있는 존재로서의 숙명이다. 그러나 이러한 세계에 살고 있는 우리 중의 일부는 시스템의 존재를 눈치 챌 수 없음에도 불구하고 가끔씩 우리 세계가 이상하다는 것을 자각하기도 한다. 그런 사람들은 영화 매트릭스에서 '네오'처럼 '프로그램'을 업그레이드시키기 위한 존재로 표현되기도 한다. 네오도 결국 자각하기 전까지는 나와 다를 바 없는, 영화의 줄거리에 영향을 주지 못하는 한 개인이었을 뿐이다.

그러나 자각하는 자에게는 언제나 대가가 따르게 된다. 세상을 더 혼란스럽게 만들기도 하고, 주변 인물들을 위험하게 하기도 하며 때로는 세상을 구하기도 한다. '네오'가 매트릭스를 파괴하고 인간들의 세상 '시온'을 구한 것이 벌써 8번째라는 이야기는 역설적으로 '네오'의 운명이 이미 정해져 있음을 말해준다. 그러나 자각하는 자만이 세상의 줄거리를 바꿀 수 있는 가능성을 가지게 됨에도 불구하고 자각은 위험하다. 자각을 깨닫는 순간 이미 시스템 바깥에서 누군가가 당신의 자각을 눈치 채고 있다는 사실을 잊지 말아야 한다. 만약 나의 자각이 이미 예정되어 있다면 나는 어떻게 해야 하는가. 해답은 바로 매트릭스 안에 있다. 당신이 자각했다면 이미 당신은 그 해답을 알고 있는 것이다.

3.4 재료 구매

개 요 재료를 직접 구매해 보는 과정을 통해서 학생들은 예산을 어떻게 효율적으로 계획하고 집행하는지를 배울 수 있다. 공구상, 건축자재상, 기계부품상, 전자부품상 등지에서 제한된 시간(각 지점당 한 시간 정도)동안 필요한 재료를 찾아서 구매한다. 프로젝트의 효율을 위하여 재료 구매에 참여하는 인력은 팀 내에서 자체적으로 선발한다. 선발된 학생들은 본 프로젝트에서 준비한 차량에 탑승한 후 정해진 시간 동안 주요 재료판매상을 돌게 된다. 따라서 사전에 미리 어디서 어떤 재료를 구매해야 되는지가 결정되어 있어야 정해진 시간동안 재료를 구매할 수 있다. 제품 제작에 필요한 공구에 대한 구입은 이 단계에서 배제한다. 필요한 기본적인 공구는 미리 구비해두고, 모든 학생은 어떤 공구를 활용할 수 있는지 사전에 알아두어야 한다. 만약 특별히 특정 공구가 필요한 경우, 매니저와 상의한 후 주어진 예산 하에서 구매여부를 고려해볼 수 있다. 만약 예산이 부족해서 특정 공구를 구매하지 못하는 경우에는 해당 재료나 부품을 다른 것으로 교체하거나 설계변경까지 지시할 수 있다.

시 간 6시간

질 문 주어진 예산에 맞게 부품을 구입해본 경험이 있는가?

물건을 사고 받은 영수증을 어떻게 정리해야 되는지 알고 있는가?

어디서 어떤 재료를 살지 결정하였는가?

재료를 사러 갈 학생을 선발하였는가?

제한된 금액으로 재료를 구입하지 못할 때 어떻게 할 것인가?

목 적   제품 제작에 필요한 재료 구입 여부도 중요하지만, 개인이 아닌 '공공의 돈'으로 구매할 때는 각 재료 구매에 대한 증빙을 남겨야 한다. 제한된 예산범위 내에서 직접 재료를 구매하고, 영수증들을 구매 완료 목록에 첨부하여 제출하는 과정을 학생들이 직접 해보도록 한다.

준비물   재료 구입처 목록, 지도, 차량 운행정보, 교통비, 재료구입비

준 비   재료 구입처 목록(공구상, 건축자재상, 기계부품상, 전자부품상)과 해당 가게들의 위치를 표시한 지도를 만든다. 걸어서 움직이기 어려운 곳은 차량을 준비하되, 출발시간과 귀가시간을 정해둔다. 준비할 수 있는 차량이 두 대 이상이면 같은 장소에 최소한 두 번 이상 방문할 수 있도록 동선을 정한다. 만약 정해진 시간 동안 구매를 완료하지 못한 팀이 사용할 별도의 교통비를 준비한다.

교 육   ❶ 정해진 시간에 재료 구매하러 갈 팀원을 집합시킨 후, 모든 팀에게 재료 구입처 목록과 지도, 차량 운행 정보와 소정의 교통비를 지급한다.

     ❷ 각 팀에게 차량 운행 정보와 재료 구입처 목록을 확인하고, 제품 구매 전략을 수립한다.

> **재료 구매 전략**
> • 팀이 많아지면 시간 지연은 급격히 늘어나 재료 구매에만 하루가 소모되기도 하므로 구매 전략을 잘 세워야 한다.
> • 매니저와 스태프는 학생들에게 재료 구매 목록 작성 시간을 넉넉하게

주고, 리스트를 꼼꼼히 점검하여야
한다. 다만, 교통이 편리할 경우에
는 시간이 지연된 팀은 해당 매니
저의 감독 하에 별도로 움직이게 해
도 된다.

• 차량이 운행하지 않는 곳은 나중에
따로 방문하도록 하고, 반드시 차량이 운행하는 곳에 먼저 방문하여 재
료 구매할 계획을 세운다.

• 차량 출발 시간에 늦으면 재료 구입처에 개인적으로 가야 한다. 모든 장
소에 왕복해서 갔다 올 정도로 교통비가 넉넉하지 않으므로 학생들은
차량 출발 시간에 절대 늦지 않도록 한다.

• 재료 구매가 늦어질수록 직접 제품을 만들거나 시스템을 꾸미는 시간
이 줄어들게 되므로 신속한 재료 구매가 이루어질 수 있도록 해야 한다.

• 재료를 구매하러 다니다 보면 어떤 재료는 예상과 달리 구하지 못할 수
도 있다. 이 경우 해당 팀의 학생은 대체할 수 있는 재료를 신속히 찾아
내야 한다. 매니저에게 물어볼 수도 있고, 팀원들과 문자로 상의할 수
도 있다.

• 어떤 경우에는 대학 내 실험실에 구비되어 있는 재료들을 사용할 경우
도 있는데, 이 경우 해당 재료의 가격을 꼭 책정해서 기입하도록 한다.

❸ 차량이 재료 구입처에 도착하면 각 팀원들은 신속하게 움직여서 필요한 재료를 구매해온다. 각 장소마다 한 시간 정도 시간을 준다. 만약 재료 구매 시간이 길어지면 반드시 매니저에게 이야기하고, 재료 구매를 계속한다.

❹ 재료 구매 시간이 길어져 부득이하게 차량을 이용하지 못하는 경우에는 반드시 차량을 관리하는 스태프에게 이야기한 뒤, 지급한 교통비로 따로 귀가해야 한다.

❺ 워크북의 구매 완료 목록을 반드시 작성하고, 해당 영수증을 첨부해서 정리한다.

구매 완료 목록 작성

- 구매 완료 목록표는 팀원 한 사람의 워크북만을 사용한다. 만약 재료 구매 목록이 10개보다 많을 경우에는 추가로 다른 팀원의 워크북을 사용한다.
- 1차 재료 구매 후에 2차로 추가 재료를 구매한 경우에는 또 다른 팀원의 구매 완료 목록표를 사용한다. 즉, 팀원이 5명이라면 최대 5매까지 구매 완료 목록표를 작성할 수 있다.
- 구매 완료 목록에는 반드시 인도네시아 물품명과 영문 물품명을 같이 적는다.
- 실제 구입가를 적고, 최종 합계를 낸다.
- 구매 목록의 '비고'란에는 최초에 구입하기로 했던 제품을 제대로 구매했는지, 대체 재료를 구매했는지, 어느 장소에서 구매했는지를 표시한다.
- 구매 완료 목록표에 기입된 모든 영수증을 한 곳에 빠짐없이 모아야 한

다. 목록의 번호를 각 영수증에 연필로 기입한다.

- 서명이 된 구매 완료 목록의 빈 칸에 절대 추가로 물품을 기입하지 않도록 주의한다. 반드시 새 구매 완료 목록표를 작성하도록 한다.

- 각각의 재료 구매 목록의 개요를 다시 '전체 구매 목록'에 기입한다. 팀별로 주어진 총 예산 대비 각각의 재료 구매 목록으로 얼마만큼의 돈을 썼는지 기록하게 한다.

❻ 구매 완료 목록표마다 코드(예: A−1, B−12 등)를 부여하여 영수증을 쉽게 찾을 수 있도록 만든다. 영수증과 구매 완료 목록을 대조하여 하나도 빠진 것이 없다는 것을 확인한 후에 구매자 서명을 한다.

❼ 매니저는 소속 팀이 최초에 구입하기로 했던 재료들을 맞게 구입했는지, 어떤 대체 재료를 구매했는지 반드시 확인한 후 서명한다.

❽ 스태프는 구매 완료 목록에 적힌 물품과 영수증을 대조하고, 정확하게 금액이 기입되었는지 확인한다. 최종 금액을 반드시 다시 한번 더 확인하고 서명한 후, 영수증을 받아서 챙겨둔다.

❾ 모든 재료 구매가 끝난 팀은 반드시 모든 영수증과 사용 후 남은 금액을 계산하여 '본부'에 반납한다. 스태프는 최종적으로 계산 금액

과 반납 금액을 확인한 후 스탬프를 찍는다. 이 과정에서 만약 계산이나 합산을 잘못하여 행정상 시간 지연을 시킨 경우에는 스태프 재량으로 스탬프를 차감할 수 있다.

미 션   '학생 워크북'의 미션은 다음과 같다.

> **미션 내용** 각 팀은 재료 구매 전략을 수립하여 제한된 시간 내에 필요한 모든 재료를 구입하고, 구매 완료 목록을 작성하라(스탬프 1~4).

미션 성공 여부에 따른 스탬프 지급 기준은 다음과 같다.

> **평가 기준** 1개: 모든 재료 구매
> 2개: 재료 구매 전략, 모든 재료 구매
> 3개: 재료 구매 전략, 모든 재료 구매, 구매 완료 목록
> 4개: 재료 구매 전략, 모든 재료 구매, 구매 완료 목록, 예산 정산

과 제   재료별 구입처에 나와 있지 않은 곳에서 구매한 재료의 종류와 가게 이름 및 위치를 지도에 표시하라.

핵 심   ❶ 어느 재료상에서 어떤 재료를 구매할 수 있는지를 파악하게 하라.
         ❷ 제한된 금액을 초과하지 않는 범위 내에서 적절히 재료를 구매하는가?

❸ 구입하고자 하는 재료가 없을 경우 대체 재료를 신속히 찾는가?

❹ 시간 지연이 생겼을 경우 매니저에게 제때 보고하는가?

❺ 물품 구매 목록과 영수증을 잘 정리하는가?

참 고 다음은 인도네시아 수라바야시의 '주요 지점'이 표시된 지도이다.

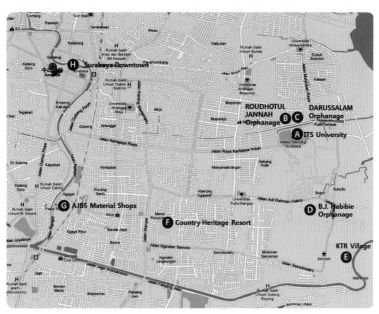

인도네시아 수라바야시 주요 지점 지도

선풍기 날개로 전기를 만들다

공학봉사 프로젝트에서는 제품을 설계할 때 필요한 재료의 판매처와 재고 현황을 파악하게 한다. 어떤 재료를 구할 수 있는 경우에도 가공할 도구가 없으면 대체 재료를 찾게 하고 있다. 그런데 실제 재료상에 찾아가보면 내가 원하는 재료를 구할 수 없는 경우가 많다. 재료를 구매할 시간이 많이 주어지지 않고, 실제 사용가능한 재료도 제한되어 있는 상태에서 팀에서 제품 제작을 완료하기란 쉽지 않다.

인도네시아 마두라섬 지역에서 진행되던 '풍력발전기' 제작시에 있었던 일이다. 우리가 거주했던 작은 해변마을 '스레세'는 밤이면 바다에서 육지로 불어오는 바람이 상당히 거셌다. 이러한 환경을 고려해서 바람을 이용한 발전장치를 설계하여 거리에 가로등을 하나 달기로 했었다. 마침 인도네시아 제2도시인 수라바야에서 차로 왕복 세 시간 정도 떨어져 있는 거리였기 때문에, 프로펠러와 주요 전자부품들을 시내에 가서 구입해 오기로 했다.

그런데 1시에 점심을 먹고 출발한 재료구매팀이 6시 저녁 먹기 전까지 도착하지 않았고, 팀을 책임지던 매니저에게 연락을 취해보니 아직 첫 번째 시장에서 재료를 찾아다니는 중이라고 했다.

"여기서 구할 수 있는 것이 많이 없어요. 전자부품들과 기판은 다른 시장에서 구매해야 될 것 같아요. 또, 납땜기와 철골 재료는 학교에 남은 게 있기 때문에 학교 실험실에 가서 가져오면 될 것 같아요. 그런데 풍력용 소형 프로펠러 날개는 파는 데가 없어서 직접 만들어야 될 것 같아요. 아니면 선풍기 날개로 대체해야 할 것 같습니다."

마을로 돌아오기로 약속된 시간이 훌쩍 지나고 밤 12시가 지나서야 재료 구매팀이 파김치가 되어서 돌아왔다. 물론 일부 전자부품은 구하지 못했고, 집에서 사용하던 선풍기 날개를 하나 뜯어가지고 왔을 뿐이었다.

그럼에도 불구하고 다음날부터 진행된 제품 제작은 절반의 성공을 거두었다. 프로펠러가 돌면서 발생시킨 전기를 축전지를 거치지 않고 바로 전구에 보내는 방식이었지만, 전구 하나정도 밝히는 것은 문제가 없었다. 그러나 참가 학생들이 고생하며 만든 제품이 고장 나지 않고 오래오래 마을 주민들에게 도움이 되면 좋겠지만, 실제로는 전자부품이 습한 기후 때문에 고장 날 수도 있고, 프로펠러가 거센 바람을 못 이겨 망가질 수도 있을 것이다.

마을 촌장님에게 여분의 전구를 주면서 전구가 고장 나면 교환하라고 말씀드리면서, 이 마을 출신의 학생이 고향에 들를 때마다 풍력발전기를 점검하겠다고 약속드렸다. 한 달 뒤에 들려온 소식은 그때까지 아무 문제없이 잘 작동한다는 것이어서 한시름 놓았던 기억이 난다.

고무장갑 뒤집기

내가 자주 가는 순대국밥집이 있다. 그런데 어느 날 항상 먹던 순대국밥집의 주인이 더 이상 모듬순대 메뉴에서 순대만으로 구성하여 팔지는 않는다고 했다. 결과적으로 항상 먹던 순대 개수가 열 개 이상에서 세 개로 줄었다. 어느새 내가 알던 세상이 달라져 있음을 직감했다. 혹시 나는 지금 비슷해 보이는 다른 매트릭스 안에 들어온 것은 아닐까.

무라카미 하루키의 소설 '1Q84'에 달이 두 개인 세상을 탈출하였더니 좌우가 바뀐 세상이 기다리고 있었던 것처럼 지금 이 세상을 탈출한다해도 다시 원래의 세상으로 돌아가기 어려울지 모른다. 영화 '인셉션'에서 꿈과 현실을 구분 짓는 유일한 도구가 '무한히 돌아가는 팽이'였지만, 그 팽이를 무한히 들여다보지 않는 이상 꿈이라고 생각한 것이 바로 현실일지도 모르는 일이다. 케리비안의 해적 '세상의 끝에서' 편에서처럼 이승과 저승을 오가는 뒤집히는 배를 탄다고 해도 이미 원래의 세상이 다르게 변해 있을 수도 있다.

자각은 모든 변화의 시작이다. 순대의 개수가 줄었다거나, 달의 개수가 늘었다거나, 무한히 돌아갈 것 같았던 팽이가 쓰러진다거나, 이승과 저승을 오가는 뒤집히는 배를 탈 수 있다는 것을 내가 자각했다는 사실 만으로도 변화는 시작된 것이다. 작은 변화가 생긴 세상은 원래 세상과 다르다. 두 세계를 잇는 것은 바로 나의 자각이다. 여기까지 공감한다면 이제 머릿속으로 안과 밖이 완벽히 똑같은 고무장갑을 떠올리고, 장갑에 생긴 작은 구멍을 통하여 전체를 뒤집어보자. 상상 속에서 고무장갑의 모습은 그대로이지만, 고무장갑을 뒤집었다는 사실을 알고 있는 '엉뚱한 나'를 발견하게 될 것이다.

3.5 제품 제작

개 요   제품 제작은 가장 중요한 단계이지만, 이전까지의 단계를 차근차근 잘 밟아온 팀에게는 오히려 수월하게 느껴질 수도 있다. 그러나 대부분의 경우 시간에 쫓기어서 제품 제작에 필요한 시간이 부족할 수 있다. 보통 이틀 정도 주어지는데, 앞의 단계들에서 시간 지연이 생긴다면 하루 정도밖에 시간이 없을 수도 있다. 제품 제작에 시간이 필요한 팀에게는 전체 일정을 고려하여 추가 시간을 검토해볼 수 있다. 제품 제작 및 설치 후의 미션들은 충분히 시간 조절이 가능하므로, 요구되는 경우 매니저의 정확한 판단이 필요하다. 다만, 이 경우 해당 팀에게는 추가 시간에 대한 페널티를 부여해야 한다. 직접 만들고 가공해야 할 부분과 기존의 것을 이용할 수 있는 부분을 잘 고려해서 제품제작에 소모되는 시간을 줄이는 전략이 필요하다. 단순히 작동에만 초점을 맞추기보다는 실제 사용자의 편의성에 초점을 맞추어 작업하는 것이 필요하다.

시 간   24시간

질 문   만들고자 하는 제품은 무엇인가?

실제 사용자가 사용할 수 있는가?

주어진 공구로 제품을 제작할 수 있는가?

팀원들의 전공과 특기로 제품을 만들 수 있는가?

지금 만들고자 하는 것과 비슷한 제품이 있다면 그것을 구입하는 것은 어떤가?

목 적 각 팀의 제품은 최초에 정의한 문제를 실제 해결할 수 있게끔 만들어져야 한다. 만약 그것이 하나의 시스템이라 해도 각 시스템을 이루는 요소들은 적절히 선택되고, 조립되거나 조합되어야 한다. 제한된 시간에 쫓겨 어설픈 제품을 만들어 실제 사용할 수가 없다는 판단이 되면 제품 제작을 포기하고, 가장 비슷한 제품을 구매하는 것이 낫다. 각 단계에 충분한 논의와 시간을 투입했다면 이런 상황이 생기지 않을 것이다.

준비물 구매한 재료들, 설계도, 제작공구

준 비 직접 만들고 가공해야 될 부분과 기존의 것을 잘 활용해서 이용할 수 있도록 '제품 제작 일정'을 짜 놓아야 한다. 이 단계에서는 구매한 재료들과 공구들을 잘 확인하는 것 외에 물이나 음료수 등을 구비하여 더위 때문에 문제가 생기지 않도록 준비한다.

교 육 ❶ 팀원들은 미션 개시와 함께 제작 환경을 고려하여 공구 및 물과 간식을 준비한다.

> **제작 환경**
> - 캠퍼스 내에서 제품 제작이 진행되는 경우는 기계공작실, 전자전기실험실의 기자재와 공구를 사용할 수 있다.
> - 만약 야외에서 직접 제작해야 된다면 사용해야 할 공구를 미리 준비하여 현장에 가지고 가야 한다.

> - 공구뿐만 아니라 팀원들의 건강상태도 신경을 써야 한다. 보통 팀 미션을 수행할 때 간식과 식사는 팀별로 책정된 예산으로 자체적으로 해결하도록 하고 있으므로, 물과 음식에 주의하고 더위 때문에 문제가 되지 않게끔 사전 조치한다.

❷ 제품 제작과 관련된 '업무 분장'을 한다. 본인의 전공과 특기에 맞추어 각자가 책임지고 완수해야 할 부분을 정한다.

❸ 제품 제작에 필요한 제작 단계를 정하도록 한다. 가능하면 직접 제작하는 부분들을 줄이고, 대체 가능한 물건들을 사용하도록 한다. 그러나 대체 가능한 물건들을 선택할 때 깊은 고민 없이 무작정 대체하다보면 기존 제품들을 단순 조립한 하나의 제품만이 나올 수가 있으므로 주의해야 한다.

> **대체 가능한 물건 선택**
> - 모든 제품은 기능적으로도 잘 작동해야 하지만, 더욱 더 중요한 것은 그것을 사용하는 사람이 그 제품을 잘 사용할 수 있어야만 하는 것이다.
> - 온전히 새로운 제품을 만들어내는 경우에는 많은 시간이 소요될 뿐만 아니라 그 시간에 비해서 제품의 형태가 불안정하거나 실제 사용할 때 안정성에 문제가 생길 수 있다.
> - 예를 들어, 아크릴로 방수가 되는 통을 만드는 경우 재단하고 자르고 붙이는 데 시간이 드는 반면, 실제 만들어놓고 보면 쉽게 형태가 찌그러지거나 물이 새는 경우가 있다. 이런 경우 처음부터 저렴한 사각 형태의 플라스틱 통을 구매해서 쓰는 것이 나을 수 있다.

❹ 주어진 시간이 많지 않으므로 '제품 제작 일정표'를 작성한다. 최

소한 4개의 타임 슬롯을 나누어서 각 슬롯당 최소 추진해야 할 업무를 명시한다. 각 슬롯이 끝나면 팀원들은 각자 맡은 바 업무진행여부를 공유한다.

❺ 업무분장과 제품 제작 일정표대로 제품 제작을 진행한다. 제품 제작 작동여부 뿐만 아니라 제품이 설치될 장소를 고려하여 제품외면을 꾸민다.

> **제품의 미적 디자인**
> * 공학 전공인 학생들은 제품의 작동여부를 중요시하고, 제품의 외관은 크게 신경 쓰지 않는 경향이 있다.
> * 그러나 제품의 외관 및 사용자 입장에서의 기능성을 고려하지 않는다면, 구매욕구가 줄어들 수밖에 없다.
> * 똑같은 기능의 제품을 만들더라도 제품의 마감에 신경을 쓰는 것이 좋다.
> * 최근 휴대폰에 채용되는 터치스크린은 단순 터치 입력에는 유리하지만, 장문의 문장 입력에는 여전히 물리적 키보드가 유리하다. 그럼에도 불구하고 사람들이 터치를 선호하는 이유 중의 하나는 터치폰이 얇고 예쁘게 생겼기 때문이다.

❻ 제품 제작이 완료된 팀은 제품의 작동여부를 다시 한 번 더 확인하고, 먼저 매니저의 점검을 받는다. 매니저의 검토의견을 반영하여

개선사항들을 추가할 수 있다면 반영하도록 한다.

⑦ 최종적으로 제품 제작이 완료된 팀은 최종 점검을 받는다. 제품의 형태, 마무리, 작동 상태 등을 점검하고 스탬프를 지급한다.

⑧ 스탬프를 받은 팀은 지금까지 팀 활동을 했던 장소 주변을 청소하고, 공구들을 정리한다.

⑨ 제품 제작을 진행하다보면 설계한 대로 잘 진행이 안 될 경우가 있어 '제품 제작 미션 실패'로 판정이 나는 경우가 있다. 해당 팀에게는 남은 시간을 고려하여 추가 미션인 '4.5 일반 봉사'를 수행한다.

제품 제작 미션 실패

- 제품 제작이 실패했을 경우, 실패의 원인을 잘 분석하여 새로운 대안을 찾아내야 한다. 이때, 매니저와의 적극적인 논의를 통해서 가능한 한 새로운 대안을 찾아내야 한다.

- 새로운 대안이 전혀 새롭지 않다거나, 새로운 대안이 없는 경우 '미션 실패'로 간주한다.

- '미션 실패'로 결론이 난 팀은 절대 이전의 단계를 다시 반복해서 진행할 수 없다. 다시 말해서, 앞선 단계에서 고려했던 다른 아이디어에 대해서 다시 설계하고, 재료 구매하고, 제품 제작을 진행할 수 없다.

- '미션 실패'인 팀일지라도 다음 단계인 '제품설명서'를 제작하되, 왜 제품 제작에 실패했는지에 대한 분석결과를 중심으로 작성하도록 한다.

미 션 '학생 워크북'의 미션은 다음과 같다.

 각 팀은 팀원별 업무분장과 제품 제작 일정표 작성을 통해서 제한된 시간 내에 제품 제작을 완료하고, 작동여부를 점검하라(스탬프 1~4).

미션 성공 여부에 따른 스탬프 지급 기준은 다음과 같다.

평가 기준
1개: 제품 완성, 작동 성공
2개: 업무분장, 제품 완성, 작동 성공
3개: 업무분장, 제품 제작 일정표, 제품 완성, 작동 성공
4개: 업무분장, 제품 제작 일정표, 제품 완성, 미적 디자인, 작동 성공

과 제 완성 제품의 사진을 정면, 측면, 상면, 쿼터뷰 등 다양한 각도에서 찍어라.

핵 심 ❶ 팀 단위로 캡스톤 디자인 과제를 진행해 본 적이 있는가?

　　❷ 정확한 공구사용법을 알고 있는가?

　　❸ 주어진 시간 내에 제품을 제작할 수 있는가?

　　❹ 팀원들의 전공과 특기에 맞게 제품 제작 업무를 분담할 수 있는가?

　　❺ 만들어진 제품은 제대로 동작하는가?

참 고 다음은 학생들이 본 교재에 설명되어 있는 설계프로세스에 따라 현지에서 직접 개발한 제품들이다.

인도네시아 모조케르토 따미아젱 마을 개발 제품

• 농구골대 쓰레기통: 농구골대처럼 생긴 철재링을 세 개 달아서 종이, 플라스틱, 캔과 같은 재활용 쓰레기를 던져 넣을 수 있도록 만들었다. 아이들에게 재활용품에 대한 인식을 심어주기 위해서 초등학교 내에 설치했다.

• 분리수거 쓰레기통: 폐드럼통의 전면에 쓰레기 투입구를 만들고, 뒷면에 배출구를 만들었다. 녹을 모두 벗겨내고 페인트칠을 다시 하고 재활용 쓰레기는 여기에 버려달라는 푯말을 만들었다.

• 이동형 쓰레기통: 쓰레기를 분리해서 버릴 수 있도록 각각 칸을 따로 만들고, 나중에 쓰레기를 소각장까지 운반하기 쉽도록 아래쪽에 바퀴를 달고 전

농구골대 쓰레기통　　　　분리수거 쓰레기통　　　　이동형 쓰레기통

톱밥 수거함   쓰레기 보일러   아궁이 연기 배출장치

면에 손잡이를 붙였다.

- 톱밥 수거함: 목공작업 때 생기는 톱밥을 모아 나중에 분리배출할 수 있도록 작업대 옆 공간에 수거함을 만들어 부착했다. 톱밥이 들어오는 부분의 높이는 작업대와 맞추고, 반대쪽은 벽을 만들어 톱밥이 사방에 날리지 않도록 했다.

- 쓰레기 보일러: 쓰레기를 태워서 나온 열기가 드럼통 내부의 열교환기를 데우면, 내부에 유입된 찬물을 데울 수 있다. 쓰레기를 태우면서 나오는 연기는 상부에 숯필터를 장착한 필터를 통과시켜 유해성분을 줄였다.

- 아궁이 연기 배출장치: 직접 불을 지펴 음식을 조리하는 예전 방식의 아궁이에서 발생하는 연기를 효과적으로 배출하기 위해 상부에 벤트(vent)를 설치하고, 흡입팬을 통해서 연기를 빨아들이도록 했다. 조리할 때 불편을 끼치지 않기 위해 벤트는 천정에서 고정하는 방식을 채택했다.

- 높낮이 조절 빨래 건조대: 모래를 채워 넣은 수레바퀴를 지지대로 사용하고, 자전거 바퀴의 프레임에 옷걸이를 고정하여 빨래를 건조할 수 있게 했다. 높이를 고정시키기 위해서는 중심부에 있는 핀을 미리 뚫어놓은 구멍에 맞추어 삽입하면 된다.

- 미니 음식물 건조기: 고양이나 닭이 직접적으로 닿지 않도록 철제프레임에 그물망을 덧붙여 적은 양의 세컨드 푸드(second-food)를 건조할 수 있게 했다. 상부에는 집 안에서 켜고 끌 수 있는 전등을 달아 정원등의 역할도 할 수 있도록 했다.

- 멀티레이어 음식물 건조기: 많은 양의 세컨드 푸드를 한정된 공간에서 건조

높낮이 조절 빨래 건조대	미니 음식물 건조기	멀티레이어 음식물 건조기	교통 위험 경고표시

하기 위해 음식물 건조판을 3중으로 만들었다. 상부에 장착된 도르레를 활용하여 끈을 끌면 건조판 3개가 공중에서 간격을 유지하며 펼쳐지고, 끈을 풀면 모두 아래로 내려오게 된다.

- 교통 위험 경고표시: 교통량이 많은 사거리에서 달려오는 오토바이가 쉽게 교통 위험을 인식할 수 있도록 폐타이어에 글자 대신 보행자 그림을 그렸다. 밤에도 쉽게 인식할 수 있도록 폴대에 전등을 달았고, 폐타이어 내부에는 쓰레기통을 장착했다.

인도네시아 수라바야 TMB 마을 개발 제품

- 높낮이 조절 빨래 건조대: 철제프레임들을 모두 용접기로 이어붙이고, 수동으로 높낮이 조절이 되도록 철제프레임 안에 빨래거치대를 슬라이딩 방식으로 고정했다.

- 비닐하우스 빨래 건조대: 태양빛과 열을 모두 빨래 건조에 사용할 있도록 외부는 비닐하우스 스타일로 만들고, 하부에는 반사판을 장착했다.

- 우산형 빨래 건조대: 하부 지지대, 폴대, 우산, 빨래 거치대, 외부비닐 모두를 쉽게 해체하고 재조립이 가능한 형태로 제작했다.

- 전열 음식물 건조기: 세컨드 푸드를 날씨와 상관없이 빨리 건조시키기 위한 음식물 전용 건조기로, 외부로 노출된 열선의 마감과 과도한 전력사용량이 문제가 되었다.

- 돌아가는 쓰레기통: 쓰레기를 배출할 때 우측에 장착된 레버를 당기면 쓰레기통이 앞쪽으로 기울어지게 되고, 뚜껑이 자동으로 열리게 된다.

높낮이 조절 빨래 건조대

비닐하우스 빨래 건조대

우산형 빨래 건조대

전열 음식물 건조기

돌아가는 쓰레기통

재활용품 절단기

- 재활용품 절단기: 재활용 플라스틱을 자르는 둥근 칼날을 설계하고, 칼날 앞뒤로 고무를 덧대어 실제 힘이 가해질 때에만 외부로 칼날이 노출되어 안전하게 플라스틱을 절단할 수 있도록 제작되었다.

- 하수구 커버: 외부로 노출된 하수구에 사람이 실수로 빠지는 것을 막기 위해 철근을 일일이 자르고, 용접으로 이어 붙여 튼튼한 커버를 만들었다.

- 재활용품 압축기: 페트병, 캔과 같은 부피가 큰 재활용품의 부피를 줄이기 위해 지렛대의 원리를 활용하여 압축기를 제작했다.

- 분리 배출 쓰레기통: 목재로 재활용 쓰레기통을 제작하고, 바퀴와 손잡이를 달아서 이동이 편리하게 했다.

- 온도조절 선풍기: 설정한 온도 이상으로 방 안의 공기가 올라가면 자동으로 선풍기가 돌아갈 수 있는 전자스위치를 제작했다.

하수구 커버   재활용품 압축기   분리 배출 쓰레기통   온도조절 선풍기

인도네시아 마두라 스레세 마을 개발 제품

- 바람막이-Deep Sleep: 밤에 집 안으로 바람, 먼지, 모기가 들어올 수 없기 때문에 스레세의 사람들은 잠을 깊이 잘 수 있다.

- 풍력 발전 가로등-Bright Wind: 밤에 바다에서 육지로 불어오는 많은 바람을 이용하여 풍력 터빈을 가진 가로등을 만들었다.

- 안전 운전 안내판-Tengateh: LED 표지판이 운전자에게 안전 운행하도록 경고하기 때문에 스레세 주민들은 좀 더 안전하게 사원에 기도하러 갈 수 있다.

바람막이   풍력 발전 가로등   안전 운전 안내판
-Deep Sleep   -Bright Wind   -Tengateh

타워 램프-Soar Tower Lamp   기도시간 사이렌-Siren of Mosque

- 타워 램프–Soar Tower Lamp: 어부가 밤에 집에 돌아올 때, 높이 솟은 램프 덕분에 집의 위치를 좀 더 쉽게 인식할 수 있다.
- 기도시간 사이렌–Siren of Mosque: 라마단(금식 기간)에는 모든 사원이 매일 금식의 시작과 끝을 알린다. 사원은 매일 아침 해 뜨는 시간과 해 지는 시간을 지구의 위도와 경도에 기준하여 자동으로 계산해서 알려준다.

쓰레기 보일러로 샤워 가능!

공학봉사 프로젝트는 짧은 기간에 문제 발견부터 제품 설치까지의 과정을 경험적으로 습득하도록 만든 교육프로그램이기 때문에 '어떤 팀이라도 제품 제작에 실패할 수 있다'는 가정 아래 진행된다. 프로그램의 초기에는 제대로 활용할 수 있는 제품을 만들어내는 팀이 많지 않았지만, 횟수가 거듭될수록 더 열악한 환경에서도 더 나은 제품을 만들어내는 경우가 많아지고 있다.

인도네시아 산간마을 '따미아젱'의 입구에는 근처 산으로부터 내려오는 하천으로 물이 흐르고 있고, 오래전부터 사람들이 사용해오던 공동 목욕탕 터가 있다. 그런데 공동 목욕탕은 공동 쓰레기장이 되어 있었고, 하천에도 생활 쓰레기가 넘쳐나고 있었다. 이러한 쓰레기에 대한 분리수거 교육을 실시하기도 하고, 분리수거 쓰레기통도 만들어주기도 하는데, 워낙 고질적인 문제라서 여전히 이 문제는 현재 진행형이다. 이러한 쓰레기 처리에 대해서 조금 다르게 접근했던 사례가 있다.

"아마 저희 팀의 제품이 최종 제품 평가에서 1등할 것 같아요. 보시면 아시겠지만, 쓰레기를 태우면서 나오는 열기로 물을 데울 수 있게 열교환기도 만

들었어요. 또, 환경오염을 생각해서 소각할 때 나오는 연기도 숯을 이용한 필터장치를 통과하게 했고요. 아마도 이 제품이 설치되는 집은 쓰레기도 없애고 뜨거운 물로 샤워도 가능할 겁니다."

당시 현장에서 문제를 찾던 어떤 팀은 '쓰레기 보일러'라는 획기적인 해결책을 내어놓았다. 이 팀의 의견대로라면 쓰레기가 더 이상 쓰레기가 아니라 석유나 석탄 같은 화석연료처럼 사용될 수 있다는 것이다.

그러나 실제 제품 제작 중의 여러 테스트 결과 폐드럼통의 뚜껑 부분의 온도 상승 때문에 플라스틱으로 된 연통이 녹아내리기 시작했다. 또, 필터를 통과해서 나오는 연기보다 쓰레기 투입구로 새어나오는 연기가 더 많았다. 쇠로 된 연통 대체 재료를 찾지 못한 학생들은 기지를 발휘하여 드럼통 상단에 시멘트를 덮어 열전도를 낮추었다. 또, 바깥으로 새어나오는 연기를 줄이기 위해서 쓰레기 투입부분에 뚜껑을 만들어 붙였다. 그러나 제품에 대한 최종 평가 결과는 그렇게 좋지 못했다. 단지 쓰레기를 태워서 조금 뒤에 따뜻한 물을 얻을 수 있다는 것만으로는 부족하다는 것이다. 플라스틱 연통은 언제라도 다시 녹아내릴 수 있고, 열교환기 효율에 대한 어떤 분석도 이루어진 게 없다는 이유에서였다.

'쓰레기 보일러'는 열교환기나 연통의 필터가 제대로 작동하지 않는 경우에도, 최소한 쓰레기 소각용으로는 사용할 수 있기 때문에 최종적으로 작은 가정집에 설치되었다.

드럼통 굴리기

빈 드럼통은 훌륭한 재활용 재료다. 공공 쓰레기통으로 사용해도 모자람이 없는 크기와 부피를 가졌고, 불에도 타지 않는 메탈로 이루어져 있다. 식물을 심는 미니 화단이 되기도 하고, 곡물을 저장하기도 한다. 녹슨 빈 드럼통에 공학적 발상이 더해지면 분리수거용 쓰레기통, 쓰레기소각 온수기로도 탈바꿈하기도 한다.

"난 이쪽으로 구를래!" 학생들 손에 굴려지던 폐드럼통이 시끄럽게 외쳤다. "이리 굴러와. 고집 피우지 말고. 같이 분리수거 쓰레기통으로 인생 2막을 열어보자고!" 점잖은 폐드럼통이 새로 생긴 커다란 입으로 말했다.

3.6 제품설명서 작성

개 요   프로젝트를 진행하다보면 제품 제작이 끝났다고 바로 설치에 들어가는 팀이 간혹 있다. 그러나 설치보다 중요한 것은 제품에 대한 점검이며, 점검을 위해서는 제품설명서를 만들어야 한다. 모든 제품은 실제 사용자가 쓰기에 편리해야 한다. 아무리 밝고 좋은 전등을 설치했더라도 스위치가 아이들 키보다 높게 붙어 있으면 아이들은 불을 켜고 끌 수 없다. 아무리 전자동으로 편리한 소변기라 하더라도 애들 키 높이를 고려하지 않으면 애들은 소변기를 사용할 수 없다. 제품설명서를 만드는 과정은 이미 사전교육 중의 하나인 '공학적 글쓰기'에서 연습한 내용을 토대로 진행하면 된다. 만약 시간관계상 '공학적 글쓰기'를 소홀히 하고 지나갔다면, 이 단계에서라도 반드시 '과제명', '개요', '키워드'를 정하게 해야 한다. 그리고 제품의 제작 배경, 작동 원리, 사용 방법, 유지 보수 방법을 반드시 기술하도록 한다. 제품설명서를 작성하게 하기 위하여 전지사이즈의 종이를 각 팀에 배부한다. 전지 한 장의 공간과 여백을 적절히 활용하여 필요한 내용과 그림을 모두 기입하도록 한다. 미리 적절히 작성계획을 세워놓지 않고 작성하다 보면 제품설명서 자체가 난해해지는 경우가 있다. 그렇게 되지 않도록 미리 다른 종이에 어떻게 작성할지를 연습해 보는 것이 좋다.

제품설명서에는 각 팀의 특징을 적절히 반영하고, 팀 이름 및 팀원들을 모두 표시하도록 한다. 지금 작성된 제품설명서는 앞으로 있을 제품전시회나 최종 보고회 등지에서 계속 활용될 예정이므로 정성을 다해서 만들도록 한다. 또, 한번 만들어진 제품설명서는 사진을 잘 찍어두도록 한다. 제품설명서 작성 단계에서 수행해야 될 다른 과제는 팀별 자체평가이다. 각 팀은 스스로 팀의 제품에 대해서 판단기준을 정하고, 점수를 주도록 한다. 모든 팀원의 평가점수를 평균 내어서 자체평가 점수를 기입한다. 이때, 자체평가가 자칫 '장난스러움'으로 흐르지 않도록 매니저가 각별히 주의시킨다.

시 간 3시간

질 문 초등학생에게 본인의 전공에 대해서 설명해 본 적이 있는가?
　　　 할아버지에게 텔레비전 채널 조작법을 알려드린 적이 있는가?
　　　 단기 프로젝트 보고서를 작성해 본 적이 있는가?
　　　 사용자가 읽고 이해할 수 있는 매뉴얼을 작성해 본 적이 있는가?
　　　 스스로 만든 제품에 대해서 스스로 점수를 매겨 본 적이 있는가?

목 적 아이디어를 구현하는 제품을 만드는 것도 중요하지만, 실제로 더 중요한 것은 사용자의 입장에서 그 제품을 편리하게 사용할 수 있느냐는 것이다. 사용자에게 반드시 제품의 원리나 사용방법, 고장이 났을 때 유지보수 방법 등을 쉬운 용어로 설명하여야 한다. 이를 위해서 모든 팀은 팀의 제품에 대한 '제품설명서'를 작성하도록 한다.

준비물 전지(1,091×788mm), 사인펜, A4 용지
　　　 제품설명서 샘플, 자체평가 기준표

준 비 기존에 작성된 제품설명서 샘플을 출력해 둔다. 팀별 자체평가표의 평가기준을 이해하고, 학생들에게 설명할 수 있어야 한다. 전지 크기

의 종이와 A4 용지를 팀 수에 맞게 준비한다.

교　육　**①** 제품 제작이 끝난 팀부터 제품설명서 작성을 위한 용지를 지급한
다. 제품 제작이 아직 덜 끝났다 하더라도 업무분담상 본인의 역할
이 끝난 팀원은 따로 제품설명서 작성 미션을 수행할 수 있다.

　　　② 각 팀원은 먼저 본인의 워크북에 어떤 내용을 적을지 예행 연습해
본다. 특히, 공학적 글쓰기에 근거하여 정확한 문장으로 적어야 하
므로, 워크북에서 충분히 내용을 고쳐 쓴 후에 제품설명서에 옮기
도록 한다.

> **제품설명서**
>
> • 전지 크기의 용지에 글과 그림을 사용하여 누구나 잘 알아볼 수 있게 만
> 든다. 전체 프로젝트 내용을 이 한 장에 모두 담는 것이 아니라 '제품설
> 명서'를 만드는 것임을 반드시 이해하고 있어야 한다.
>
> • 제품설명서에는 반드시 '과제명', '개요', '키워드', '제작배경', '작동 원
> 리', '사용방법', '유지보수방법'을 포함하도록 한다. 만약 이 중에 하나라
> 도 빠지면 스탬프에서 차감하도록 한다.
>
> • 제품설명서에는 위의 내용 외에 팀 이름과 팀원, 역할들을 적절한 디자
> 인으로 포함시키도록 한다.
>
> • A4 용지의 크기에는 볼펜으로 전지 크기의 글과 그림을 축소 복사하
> 듯 그대로 옮겨서 적되 영어, 인도네시아, 한글의 세 가지 버전으로 만
> 들어야 한다. 나중에 이 A4 크기의 설명서는 복사하여 실제 사용자에
> 게 전달하여야 한다.

❸ 제품설명서 사진을 찍는다. 또, 제품설명서와 제품을 배경으로 모든 팀원들이 자체적으로 사진을 찍어 둔다.

❹ 제품설명서 작성이 끝난 팀은 따로 팀별 자체 평가를 수행한다.

> **자체 평가**
> - 평가기준은 '디자인(15)', '제작 방법(15)', '가격 경쟁력(10)', '현지 적합성(20)', '지적재산권(15)', '역할 분담(15)', '제작 기간(10)' 등 여러 가지를 기준으로 삼는다.
> - 모든 팀원들이 각각 점수를 매기고, 각자의 의견을 기술한다.
> - 팀장은 모든 팀원의 점수를 취합하여 자체 평가 점수를 합산한다.

❺ 제품설명서(전지, A4)와 자체 평가표에 대해서 매니저가 먼저 서명한다. 매니저는 제품설명서가 공학적 글쓰기에 근거하여 잘 작성되었는지 검토한다.

❻ 마지막으로 스태프는 매니저의 서명을 확인하되, 제품설명서(전지, A4)와 자체 평가표에 대해서 반드시 사진을 찍어두고 스탬프를 지급한다.

미 션 '학생 워크북'의 미션은 다음과 같다.

> **미션 내용** 각 팀은 공학적 글쓰기에 근거하여 제품설명서를 작성하고, 팀별 자체 평가를 수행하라(스탬프 1~4).

미션 성공 여부에 따른 스탬프 지급 기준은 다음과 같다.

1개: 전지크기 제품설명서, 팀별 자체 평가

2개: 워크북 예행연습, 전지크기 제품설명서, 팀별 자체 평가

3개: 워크북 예행연습, 전지크기 제품설명서, A4 크기 제품설명서 3종, 팀별 자체 평가

4개: 워크북 예행연습, 전지크기 제품설명서, A4 크기 제품설명서 3종, 팀별 자체 평가, 사진 촬영

과 제 A4 크기의 제품설명서를 5명 이상의 어린이들에게 직접 보여주고 이해 정도를 확인하라.

핵 심 ❶ 제품설명서가 공학적 글쓰기를 바탕으로 하여 작성되었는가?

❷ 워크북에 내용을 연습한 뒤에 전지크기의 종이에 옮겨 적었는가?

❸ 초등학생이나 일반인도 이해하기 쉬운 용어로 작성되었는가?

❹ 각 팀의 특색이 제품설명서에 잘 반영되었는가?

❺ 자체평가 결과, 각 팀 스스로 어떤 평가를 내리는가?

참 고 다음은 '제품설명서' 미션에서 이전 참가 학생들이 실제 작성한 제품설명서이다.

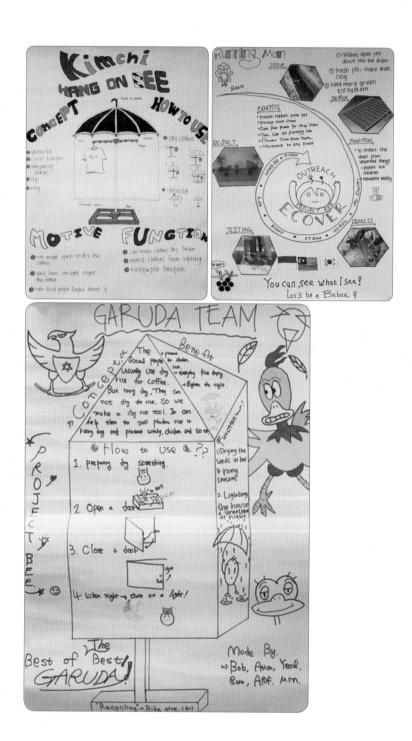

새장 안에서 음식물 말리기

일반적으로 학생들은 제품 제작이 완료되면 바로 제품을 설치하고 싶어 안달이 난다. 학생들은 그동안의 땀과 노력의 결실인 자신들의 제품을 자랑하고 싶고, 주민의 얼굴에서 행복해하는 표정을 보고 싶어 한다. 그러나 우리 프로젝트의 경우 제품 제작 못지않게 중요하고 어려운 것이 바로 제품설명서 제작이다. 프로젝트에 참가했던 어떤 팀은 제품에 대한 그림이나 설명 없이 제품의 개발동기, 장단점, 기대효과 등 그들이 하고 싶은 이야기만 잔뜩 적었다. 또, 어떤 팀은 정작 제품과는 무관한 스머프 친구들의 캐리커처를 그리고, 페이스북의 디자인을 본떠서 겉보기에 화려한 제품설명서를 만들기도 했다. 그러나 보기에 예쁘고 잘 꾸며진 제품설명서가 정말 잘 만들어진 것이라고 할 수 있을까?

인도네시아에서는 남은 음식을 건조시켜 다른 음식을 만드는 재료로 사용하는 '세컨드 푸드'가 일반화되어 있다. 한국의 경우도 예전에는 주로 음식물을 장기간 보관하기 위해 햇볕에 말리는 경우가 많았었는데, 최근에는 기술의 발달로 냉동을 시키거나 급속 건조기를 사용하기도 한다. 산골마을이었던 '따미아쟁' 지역은 특히 거의 집집마다 앞마당에 음식물을 널어놓고 말리고 있었다.

당시에 이러한 공간부족을 해결하기 위해 '음식물 건조대'를 만든 팀이 있었는데, 실제 제작된 제품은 누가 봐도 영락없는 새장이었다. 다른 점이 있다면 새장 밑에 지주식 기둥이 붙어있고, 새장 안쪽 천정부분에 LED 전구가 달려있는 것뿐이었다. 새장처럼 생긴 음식물 건조기를 설치하기 위해서는 집

주인의 설치허가가 필요했는데, 정성스럽게 만들어진 제품설명서를 가지고 직접 찾아가서 다음과 같이 설명했다.

"우리가 만든 제품은 보시는 바와 같이 새장처럼 생긴 공간에 남은 음식을 말릴 수가 있습니다. 또, 비록 건조 공간은 적지만, 고양이나 다른 동물로부터 안전하게 말릴 수 있을 뿐만 아니라 밤에는 위에 달린 전등에 불을 켤 수 있기 때문에 정원등으로서의 역할도 할 수 있습니다. 고장이 날 수 있는 부분은 바로 이 전구인데요. 일반적으로 집에서 사용하시는 다른 전구로 바꿔 끼워주시면 돼요."

물론 그림을 곁들여 좀 더 이해하기 쉽게 만들었을 뿐만 아니라, 인도네시아어로 번역하여 지역 주민이 바로 읽고 이해할 수 있게 되어 있었다. 이렇게 만들어진 제품설명서는 작은 축소버전을 따로 만들어 지역주민에게 전달했다.

공학봉사의 경우 제작된 제품을 사용할 사람은 지역에 있는 마을 주민이다. 마을 주민이 만들어진 제품이 어떤 제품이며, 어떻게 동작하는지, 만약에 고장이 날 경우에 어떻게 부품을 교체하고 수리하는지 알아야 한다. 그런데 직접 제품을 가지고 가서 설명할 수 있는 기회는 그렇게 많지 않다. 왜냐하면 제작된 제품의 크기도 문제가 될 뿐만 아니라 설치허가가 나지 않을 경우에는 다시 회수해야 하기 때문에 처음부터 제품설명서만 가지고 가서 설명하도록 한다. 최근에는 스마트폰으로 사진을 찍거나 동영상을 찍어서 보조설명 도구로 활용하게 하고 있다.

날갯짓 소리가 들려

나는 새장 안에 있어 안전하다.
날카로운 부리의 독수리도
이제 더 이상 나를 어쩌지 못한다.
나는 조용히
그리고 아주 느리게
날갯짓을 한다.
너무 느려
성미가 급한 사람에게는
멈춰있는 것으로 보일지도 모른다.
그러나 내 날갯짓은
세상을 밝히는 등불이 된다.
어둡고 탁한 세상은
나로 인해 밝고 깨끗해진다.
눈치 챈 것을 감추고 모르는 척
은근히 다가가
잠깐만 귀를 기울이자
멋쟁이 새가 말하기 시작했다.
"새장 속으로 들어와서
어서 문을 잠가.
여기가
세상의 바깥이란 것을
들켜선 안 돼!"

3.7 제품 설치

개 요 최종 전시회가 따로 있는 경우 제품 설치는 최종 전시회 이후로 미룬
다. 만약 최종 전시회가 없는 경우라 하더라도 최종평가는 반드시 거
친 후에 제품을 설치할 수 있도록 한다. 제품 설치에 들어가는 팀은 먼
저 매니저와 설치 장소, 방법 등에 대해서 구체적으로 논의한다. 제품
설치는 최대한 실제 사용자의 입장을 고려해서 설치하도록 한다. 또,
외부로 노출되는 제품의 경우 외관상 미관을 해쳐서는 안 된다. 만약
전기를 끌어다 쓰는 경우라면, 필요시에 플러그를 뽑아 놓을 수 있도
록 설치한다. 제품의 설치뿐만 아니라 중요한 것은 성능에 대한 검증
이다. 따라서 설치 후 검증에 필요한 시간이 확보될 수 있도록 시간 관
리에 신경 쓰도록 한다. 오늘 제품 설치 후 내일 프로젝트가 종료되어
아무도 제품에 신경 쓰지 않는다면 차라리 제품 설치를 안 하는 것이
낫다. 따라서 사전 검증이 필요한 경우 충분히 사전 검증 시간을 거치
고 설치에 임하도록 한다. 예를 들어, 모기퇴치기의 경우 설치해 놓고
모기를 잡지 못한다면 전기세만 잡아먹는 퇴물로 전락할 것이다. 또,
공기순환을 고려하지 않은 위치에 설치한 환풍기는 오히려 공기의 흐
름을 막을 수도 있다.

시 간 3시간

질 문 만든 제품을 설치해도 괜찮은가?

제품을 어디에 설치할 것인가?

해당 건물의 주인이 설치에 동의할 것인가?

실제 사용자의 입장을 어떻게 고려하여 설치할 것인가?

제품의 내구성을 보장할 수 있는가?

목 적 프로젝트 활동 기간 동안 팀원들이 노력해서 만든 제품을 평가를 거쳐 설치 가능 여부를 판단한다. 설치 가능한 제품들은 최대한 실제 사용자의 입장을 고려하여 설치하고, 고장이 날 경우를 최우선적으로 고려하여 대비책을 마련할 수 있어야 한다.

준비물 최종 제작 제품설치 공구, 현지 언어 제품설명서

준 비 제품 설치에 앞서 '제품 최종 평가'를 거쳐서 그 결과를 토대로 설치 준비를 해야 한다. 설치 유보된 제품을 제외한 모든 제품은 사용자 입장을 고려해서 어떻게 설치할 것인지 '설치 전략'을 구상해 놓아야 한다.

교 육 ❶ 제품 설치에 앞서 간단한 제품 최종 평가회를 가진다. 이를 위해서 모든 팀을 넓은 장소에 모으고 팀별로 앉게 한다.

❷ 각 팀의 팀장은 실제 만들어진 제품과 '제품설명서'를 이용하여 문제 정의 및 아이디어, 제품 제작 등의 과정을 설명한다.

❸ 매니저 및 참가 교수들은 제품의 완성 상태를 면밀히 점검하여 설치가능 여부를 판단한다. 만약 이 단계에서 설치유보 판정이 난 제품은 공용 제품 설치, '4.5 일반 봉사' 미션에 투입한다.

설치 유보

- 만약 최종 평가나 최종 전시회에서 설치불가 판정이 난 제품의 경우 제품 설치를 유보한다.

- 제품이 설치될 장소의 주인이 동의하지 않는다면, 이 팀의 제품도 설치를 유보한다.

- 설치 유보된 제품들도 수정사항을 명확히 기술하여 다음 프로젝트에 소중한 참고자료로 쓰일 수 있도록 잘 보관해 두어야 한다.

- 제품 설치가 유보된 제품을 만든 팀은 인력을 분산하여 다른 팀의 설치를 돕도록 조치하거나 다른 추가 업무를 줄 수 있다. 예를 들면 아이들에게 줄 학용품을 구매한다거나 특정 장소의 청소를 할 수도 있다.

- '3.5 제품 제작'의 '미션 실패'와 마찬가지로 '4.5 일반 봉사' 미션에 투입한다.

④ 매니저와 팀원들은 제품을 어떻게 설치할 것인가를 구체적으로 논의하도록 한다. 제품설치에 들어가는 팀은 최종 제작 제품에 대한 성능 검증뿐만 아니라 내구성에 대해서 사전 점검하도록 한다. 최대한 실제 사용자 입장에서 고려해야 하며, 절대 미관을 해쳐서는 안 된다.

⑤ 실제 설치에 들어가기에 앞서 먼저 주인에게 제품 설치에 대해서 설명한다. 이때, 앞선 단계에서 만들어진 현지 언어로 된 제품설명서를 보여준다. 반드시 주인의 허락을 받고 설치를 시작한다.

⑥ 설치가 완료되었으면, 제품의 작동상태와 안정성을 점검한다. 만약 불안한 점이 있다면 미루지 말고 곧바로 보완하여 이후에 문제점이 생기지 않도록 조치한다.

❼ 건물 책임자에게 작동 상태를 보여주고, 향후 특정 부분 고장이 날 경우에 어떻게 조치하는지 시범을 보여준다.

❽ 예비 부품을 전달하고, 제품매뉴얼을 코팅하여 제품 근처에 걸어 둔다.

❾ 설치 완료된 제품에 대해서 사진을 찍은 후, 팀원과 매니저가 모두 함께 제품을 배경으로 사진을 찍는다. 또, 근처에 마을 주민이나 아이들이 있으면 같이 한 번 더 찍는다.

❿ 해당 팀의 매니저는 제품 설치 후 4주 이내에 다시 제품의 상태를 점검하도록 한다. 매니저의 판단 하에 철거할 필요성이 있는 제품 은 과감하게 철거하고, 철거 이유를 상세히 전해 듣도록 하여 다음 제품 설계에 반영할 수 있도록 기록한다.

미 션 '학생 워크북'의 미션은 다음과 같다.

> **미션 내용** 각 팀은 제품 최종 평가에서 설치 가능 판정을 받은 제품을 건물에 설치하 고 책임자에게 설명하라(스탬프 1~4).

미션 성공 여부에 따른 스탬프 지급 기준은 다음과 같다.

평가 기준	1개: 설치 가능 판정, 제품설명, 제품 설치
	2개: 설치 가능 판정, 제품설명, 제품 설치, 작동상태 점검
	3개: 설치 가능 판정, 제품설명, 제품 설치, 작동상태 점검, 유지보수 시범
	4개: 설치 가능 판정, 제품설명, 제품 설치, 작동상태 점검, 유지보수 시범,
	제품매뉴얼 배치

과 제 작품을 배경으로 팀원 모두 각각 간단한 소감을 영상으로 남겨라.

핵 심 ❶ 설치 유보 판정을 받은 제품을 설치하겠다고 우기지는 않는가?

❷ 건물 책임자에게 현지 언어로 된 제품설명서로 설명할 때 반응이 어떠한가?

❸ 제품의 성능을 어떻게 검증하였는가?

❹ 건물 책임자에게 실제 설치된 제품을 보여주고, 추가 설명을 하였는가?

❺ 제품의 내구성을 확보하기 위하여 어떤 조치를 취하였는가?

참 고 다음은 제품 평가 항목과 채점 요령이다.

심사 요령

항목	점수	채점 요령
제품 제작	30	완성된 제품이 사용 가능해야 한다. 모형제품의 경우 15점 미만을 준다.
개념설계 및 상세설계	20	개념설계와 상세설계가 부합해야 한다. 서로 다른 경우 10점 미만을 준다.
현지 적합성	20	현지에 필요한 제품이어야 한다. 설치 후 사용빈도가 높아야 한다.
유지 보수 편이성	15	재료를 쉽게 구할 수 있어야 한다. 유지 보수가 편리해야 한다.
가격 경쟁력	15	시중의 유사제품보다 저렴해야 한다. 대량 생산될 수 있어야 한다.

전기 제품은 고장 나기 쉬워요

공학봉사의 관점에서는 학생들이 배운 전공지식을 활용하여 지역의 문제를 해결할 수 있는 제품을 만들어서 그곳에 설치하여 도움을 주고 왔다는 것만으로 이미 큰 의미를 가지고 있다. 지금까지 인도네시아 수라바야시의 대학캠퍼스 근처 고아원, 도심 속의 작은 마을, 마두라섬 지역의 어촌 마을, 따미아젱 지역의 농촌 마을, 또 프로볼링고 지역의 응아디레조 산촌 마을까지 다양한 곳을 방문하였다. 지역

은 달랐지만 공통적인 부분은 '어떤 제품'을 그 지역에 설치하고 돌아왔다는 것이다. 그러나 실제 설치된 제품이 얼마나 오랫동안 고장 없이 동작하여 그곳에 편리함을 주고 있는지 물어본다면 우리의 대답은 완전히 긍정적이지는 못하다.

공학봉사 초기에 학생들이 직접 국내에서 구매하여 인도네시아 대학캠퍼스 근처 고아원에 야심차게 설치한 솔라셀 장치는 학생들이 돌아간 뒤에 어떻게 되었을까?

"학생들이 돌아간 뒤 바로 일주일 뒤부터 갑자기 불이 안 들어오더라고요. 솔라셀 패널이 문젠지, 배선이 문제인지, 배터리가 문제인지 우리가 알 수가

없어서 그냥 버려두고 있습니다."

인도네시아 학생이 다시 점검하여 동작이 되게 만들어주었지만, 그 뒤에도 또 고장이 났다. 또, 도심 속의 작은 마을에 설치된 우물물 정수 장치를 점검하러 갔을 때 핵심파트인 전기모터가 아예 사라져 있었다.

"우리 마을은 바다 근처에 있어 지하수에도 짠 성분 때문에 우물을 끌어올리는 전기모터가 자꾸 멈추더라고요. 이미 두 번이나 수리를 맡겼지만 또 고장이 나서, 아예 전기모터를 빼 두었어요."

결과적으로 우리가 설치한 제품이 그냥 또 하나의 커다란 쓰레기가 되어 그곳에 버려져 있는 셈이었다. 물론, 이러한 동작하지 않는 제품은 전체 중의 일부이기는 하지만, 처음부터 전자부품이 들어간 제품을 설치하려고 할 때는 좀 더 많은 고려가 필요해진다.

가장 최근에 응아디레조 산촌마을에 전기가 없는 지역에는 이미 검증된 부품과 제품을 찾아 구매해서 방문하였다. 설치와 조립에 필요한 구조물들도 사전에 준비하였고, 전기배선에 필요한 사전교육을 실시하였다. 그래서 현장에서의 설치 진행에 큰 어려움이 없었을 뿐만 아니라 설치된 제품에도 문제가 없었다. 이렇게 어느 마을을 방문할 때 먼저 잘 알려진 주제에 필요한 일부 부품은 미리 준비해서 간다면 학생들에 대한 교육적인 효과뿐만 아니라 지역 주민들에게 정말로 도움이 될 수 있는 제품을 만들어주고 올 수 있을 것이다.

오늘의 원두

오늘의 원두는

부드럽고 담백한 '콜롬비아산'이야.

냄새만으로도 커피 맛이 느껴지는 것 같아.

이렇게 나무잠자리 위에 앉아 있어도

하나도 외롭지 않아.

날 순 없지만 왠지 나는 느낌이야.

자유로워.

언제까지나 여기 있어줄래?

Project 4 지역 사회와 하나가 되어라

어느 지역이든 우리의 방문이 그들에게 큰 의미가 될 것이다. 공학봉사라는 의미도 생소하지만, 여러 국가의 학생들이 같이 뭔가를 한다는 것은 그들에게도 낯설고 새로운 풍경일 것이다. 우리는 그들에게 우리가 누구이고, 무엇을 하러 왔는지 정확하게 알리는 것이 필요하다. 또, 그곳에 머무는 동안 우리는 지역사회의 협조가 반드시 필요하다. 그러므로 '봉사'의 정신을 다시 한 번 더 가슴에 새기고 이웃과 하나가 되기 위해서 노력해야 한다.

한 번의 방문으로 모든 문제를 해결할 수 없으므로 이웃과의 만남과 환영만찬을 통해 프로젝트의 시작을 알린다. 매일 아침마다 주변을 둘러보고, 자율 미션을 통해서 좀 더 지역에 대한 정보를 획득한다. 이를 바탕으로 일반 봉사에서도 공학적인 것 외에 이웃을 도울 수 있도록 한다. 마지막으로 작별 만찬을 통해서 유종의 미를 거두어 향후에도 프로젝트가 지속될 수 있도록 한다.

Project 4.1 이웃과 만나기

개 요 공학봉사 관련 프로젝트는 공학적 지식을 기반으로 이웃에게 도움을 주는 활동이다. 어떤 지역을 가게 되더라도 가장 먼저 해야 할 일은 그 지역사회의 주민들과 친해지는 일이다. 물론 사전에 마을의 주요한 몇몇 분과는 당연히 우리의 활동에 대한 양해가 되어 있어야 한다. 외부인이 마을에 진입하는 경우 마을 주민의 관심은 봉사단에게 쏠리게 되어 있다. 따라서 '팀 만들기'를 끝낸 후에 바로 이웃과 만나는 일정을 잡는 것이 좋다.

길을 걸어가다 만나는 모든 현지 주민에게는 고개 숙여 현지 언어로 인사를 하도록 한다. 봉사단의 활동지에 관심을 가지고 찾아오는 모든 현지 어린이들에게도 작은 관심을 보여준다. 같이 사진을 찍어주고, 나눠 먹을 것이 있으면 나눠 먹도록 한다. 한 번 인연을 맺은 마을은 가능하면 자주 방문하도록 노력해야 한다. 설치된 제품의 작동상태도 살펴야 하고, 현지 주민의 반응도 알아봐야 한다. 한 번에 모든 문제를 찾고 해결할 수가 없으므로 지속적으로 프로젝트를 수행하는 것을 항상 염두에 두어야 한다.

시 간 3시간

질 문 마을을 방문한 소감이 어떠한가?
지역 주민의 첫 인상이 어떠한가?

지역 주민의 생활환경이 어떠한가?

그들이 우리를 어떻게 볼 것 같은가?

이웃과 만나서 인사를 나눌 준비가 되어 있는가?

목 적 프로젝트 활동이 의미를 가지기 위해서는 우리가 가는 지역의 이웃과 만나는 일이 아주 중요하다. 문제점을 찾는 것을 포함하여 해결책을 제시하는 것도 우리의 이웃을 돕기 위한 것이다. 프로젝트가 진행되는 동안 지역 주민과 불필요한 마찰을 피하고, 우리가 어떤 선의의 의도로 이 지역을 방문했는지 알릴 필요가 있다.

준비물 기념품, 학용품, 홍보자료

준 비 '언어 교육'에서 익힌 현지 언어로 된 인사말을 기억하고 말할 수 있도록 한다. 아이들에게 줄 학용품과 어른들에게 줄 기념품을 넉넉하게 챙긴다. 부산대학교와 현지 대학을 현지에 안내할 수 있도록 현지 언어로 된 간략한 홍보자료도 준비한다.

교 육 ❶ 프로젝트에서 방문하게 될 여러 고아원들과 마을을 각각 책임질 수 있도록 팀을 나눈다. 하나의 고아원에는 한 팀을 배정하고, 마을은 도로를 기준으로 하여 구획을 나누어 각각의 팀을 배정한다.

❷ 캠퍼스에서 가까운 거리에 있는 고아원들은 걸어서 이동한다. 멀리 떨어져 있는 고아원은 작은 차량을 이용한다. 마을은 인원이 많을 경우 버스로 이동한다.

> **이웃 방문**
> • 마을일 경우 '활동지' 주변의 이웃들을 중심으로 인사하러 다니면 된다. 자국의 문화적 특징이 담겨 있는 열쇠고리 같은 작은 선물을 준비하고, 간단한 인사말을 연습하여 전달한다. 현지 언어로 우리가 누구이며, 여

기 무엇을 하러 왔는지는 반드시 설명해야 한다. 그들의 이름을 묻고, 특징을 워크북에 기록하게 한다.

- 고아원과 같은 시설의 경우, 학용품 종류의 작은 선물을 준비해 가서 고아원장을 비롯하여 아이들과 만나는 것이 좋다. 마을과 마찬가지로 이미 사전에 이야기가 되어 있는 상황일지라도 다시 한 번 더 우리가 누구이며 여기에 왜 왔는지 설명해야 한다. 이때, 풍선아트도 같이 준비하는 편이 낫다. 아이들은 쉽게 경계심을 풀고, 본 프로젝트 수행에 큰 관심을 보이게 된다.

❸ 고아원과 마을에 도착한 직후 책임자를 만나서 인사를 나눈다. 사전에 양해되었지만 다시 한 번 더 감사의 인사를 드리고, 준비해 간 선물을 드린다. 우리가 누구이며 여기에 왜 왔는지 홍보자료를 나누어주며 설명하고, 함께 물과 음료수를 나누어 마신다.

❹ 미리 준비해서 간 현수막을 설치하고, 관심을 가지고 찾아오는 현지 주민과 마주치는 모든 주민에게 먼저 인사를 건넨다. 아이들에게는 학용품을 나누어주고, 어른들에게는 기념품을 나누어준다. 이때, 그들의 별명을 물어서 워크북에 기록하고 반드시 같이 사진을 찍는다.

❺ 따로 시간을 정하여 1시간 정도 풍선아트를 활용하여 아이들과 놀아준다. 이때 단순히 풍선으로 무엇을 만드는 데만 집중하지 말고, 아이들과 커뮤니케이션 하는 데 집중하도록 한다. 풍선아트로 개나 모자를 만들어준 후 반드시 해당 어린이와 같이 사진을 찍는다.

풍선아트

- 실제 현장에서 아이들과 동네 주민을 상대로 풍선아트로 동물을 만들다 보면 한 시간 동안 쉬지 않고 만들어야 되는 경우가 허다하다. 기다리는 사람은 많고 만드는 데 시간이 걸리면 집중효과가 떨어진다.

- 입으로는 그동안 배운 현지 언어로 기본적인 인사와 뭘 만들어주면 좋을지를 묻고, 손으로는 개 한 마리 또는 꽃 한 송이를 만들어낸다.

- 그러나 풍선아트는 한 시간 정도로 해서 끝내는 것이 좋다. 더운 날씨에 쉬지 않고 만들다보면 손가락이 아프기 시작하고, 손가락이 아프면 이후의 활동에도 좋지 않다. 짧게 끝내고, 이후에 짬이 날 때 잠시 아이들과 놀아주는 도구로 활용하면 아주 좋다.

- 마지막으로, 현지에 풍선 바람 넣는 도구 몇 개와 남은 풍선들을 주고 오는 것도 고려해 볼 수 있다.

❻ 풍선아트가 끝나면 '미션 3.1 문제 발견'을 진행한다. 대부분의 경우 해당 사이트 근처에서 식사를 해결해야 한다.

식사 해결
- 마을 근처의 식당을 이용한다.
- 어떤 마을의 경우 근처에 식당이 없다면 미리 도시락을 주문하고 마을에 방문하도록 한다.
- 도시락이 배달되지 않는 지역이라면 미리 스태프가 음식을 직접 배달할 수도 있다.

❼ 터진 풍선들과 도시락 잔해들을 비닐봉지에 싸서 캠퍼스로 돌아온다. 모든 일정은 저녁 식사시간 전에 마감하는 것이 좋다. 특히 버스로 이동한 경우 최소 30분 전에 버스에 탑승하여 숙소에 귀가하는 일정을 준수하도록 한다.

미 션 '학생 워크북'의 미션은 다음과 같다.

> **미션 내용** 지역 주민에게 선물을 주고 긴 풍선으로 개, 꽃 등을 만들면서 최소한 10장 이상의 사진을 찍고, 사진 속 인물의 별명을 기억하라(스탬프 1~3).

미션 성공 여부에 따른 스탬프 지급 기준은 다음과 같다.

> **평가 기준** 1개: 기념품, 학용품, 풍선아트
> 2개: 기념품, 학용품, 풍선아트, 사진 10장
> 3개: 기념품, 학용품, 풍선아트, 사진 10장, 별명 기록

과 제 고아원이나 마을을 잘 표현할 수 있는 사진을 찍어라.

❶ 고아원과 마을에서 만난 이웃의 차이는 무엇인가?

❷ 이웃과 만날 때 마음에서 우러나와서 인사를 하는가?

❸ 작은 선물과 풍선아트를 받았을 때 아이들이 어떻게 반응하는가?

❹ 풍선아트를 여러 개 만들어 달라고 하는 아이들에게 어떻게 대처
했는가?

❺ 아이들을 포함한 현지 주민들과 적극적으로 대화하는가?

빠르거나 느리거나

눈앞에 두 개의 피라미드가 꼭지를 맞대고 있는 모습이 펼쳐졌을 때 직감적으로 눈치 챌 수 있었다. 두 개의 세계는 서로 연결되어 있다. 그러나 두 세계의 시간 흐름은 다르다. 어떤 세계에서 다른 세계를 느낄 수 있는 존재는 지나치게 빠르게 움직이는 사람이나 지나치게 느리게 움직이는 사람이다. 개미만큼 작은 인간이 숟가락질하는 속도가 실제 인간의 숟가락 속도와 같을까? 개미만큼 가벼운 사람은 높은 곳에서 떨어져도 괜찮을까? 아니면 크기와 질량이 같은 존재가 전혀 다른 속도로 움직이는 게 가능할까?

'가능했으면 좋겠다...'

Project 4.2 환영 만찬

개 요 프로젝트 시작 첫 날 저녁에는 반드시 '환영 만찬'을 준비한다. 여기에
는 학생, 매니저, 스태프 등 모든 참가자를 비롯하여 현지 대학의 주요
교수들, 현지 마을의 주요 인사들을 초청한다. 마을인 경우 주요 책임
자를 부르고, 시설인 경우 시설의 책임자를 초청한다. 각 단체 대표들
의 이야기를 들어보는 것으로 시작해서, 프로젝트의 취지와 방문 목
적을 이야기한다. 매니저와 각 팀 소개를 하고, 간단한 장기자랑 시간
을 가진다. 준비가 가능하다면 환영 만찬 후에는 간단한 '전통 문화 체
험' 시간도 괜찮다.

시 간 3시간

질 문 현지의 첫 인상이 어떠한가?
본인 소개를 상대국 언어로 연습하였는가?
본인이 잘 할 수 있는 장기자랑을 준비하였는가?
현지 음식은 어떠한가?
현지 전통악기, 문화 등에 대해서 알고 있는가?

목 적 프로젝트를 진행하기 위해서는 가장 먼저 관련된 모든 사람이 모여서
같이 식사를 하는 것이 중요하다. 프로젝트의 시작을 알릴뿐만 아니
라 현지 대학과 주민에게 식사를 대접하고, 그분들의 말씀을 경청할

필요가 있다. 이러한 자리를 어렵게 생각하지 말고 프로젝트의 성공을 기원하는 식사로 생각하도록 한다.

준비물 음식, 전통악기

준 비 참석 인원을 고려하여 미리 장소와 음식을 준비해 둔다. 참석자들 중 단체의 대표들에게 안내 말씀을 부탁드린다. 학생들에게는 팀 소개와 장기자랑을 연습시킨다. 전통 악기 체험 프로그램을 사전 조율한다. 식사 후 먹을거리를 미리 예약해 둔다.

교 육 ❶ 먼저, 환영만찬에 참여한 각 단체의 대표들로부터 이야기를 들어보는 시간을 가진다. 통역이 필요한 경우 미리 사전 조율하여 현지 매니저가 실시간으로 통역하도록 한다.

❷ 현지 프로젝트 매니저가 본 프로젝트의 취지 및 마을 방문 목적을 이야기하도록 한다. 참가 스태프를 소개하고, 매니저들도 돌아가며 개인 인사를 한다.

❸ 모든 팀은 돌아가며 각자 팀 소개를 한다. 팀원 각자가 간략히 자기소개를 상대국가의 언어로 말한다. 그리고 팀 만들기에서 정한 팀명을 말하고, 팀 구호를 같이 외치도록 한다.

❹ 준비한 음식을 나누어 먹으며 담소를 즐긴다. 식사시간에는 조용한 음악을 배경으로 깔아 분위기를 차분하게 만들어준다.

❺ 식사가 끝났을 때는 간단하게 장기자랑 시간을 가진다. 프로젝트 참석 인원이 확정된 시점부터 본인의 특기를 살린 장기자랑을 준비시켜 두어야 한다. 2인 이상의 그룹으로 장기자랑을 준비해도 무방하다. 사전에 준비한 장기자랑을 전체 참가자 앞에서 선보이도록 한다.

> **장기자랑**
> • 각국의 학생들이 사전에 준비한 공연을 선보인다.
> • 한국의 경우 K-POP 댄스, 태권도, 사물놀이 등을 준비한다.
> • 인도네시아의 경우 전통 댄스, 인도네시아 노래 등을 준비한다.

⑥ 개별 장기자랑이 끝나면, 언어교육에서 연습했던 상대국의 노래를 부르게 한다.

⑦ 환영 만찬 후에는 식사 외에 음료수, 과일, 옥수수 바비큐 등 가벼운 먹을거리를 추가로 준비하면 좋다.

⑧ 또, '가믈란'과 같은 인도네시아 전통 악기 체험 프로그램이 가능하다면, 그룹별로 돌아가며 문화 체험을 하고 나머지는 편하게 쉬게

하면 된다. 이때 참가자를 제외한 주요 인사들은 일정에 구애받지 않고 필요한 경우 귀가하게 한다.

미 션 '학생 워크북'의 미션은 다음과 같다.

 본인의 특기를 살린 장기자랑과 팀별로 준비한 장기자랑을 선보여라. (스탬프 1~3)

미션 성공 여부에 따른 스탬프 지급 기준은 다음과 같다.

 1개: 팀 구호
2개: 개인 장기자랑, 팀 구호
3개: 개인 장기자랑, 팀 구호, 팀별 장기자랑, 전통 체험

과 제 환영만찬에서 먹은 음식의 이름과 특징을 일지에 기록하라.

핵 심 ❶ 본인의 소개를 상대국가 언어로 잘 하였는가?
❷ 팀 만들기에서 만든 구호를 잘 외쳤는가?
❸ 팀별 장기자랑을 잘 하였는가?
❹ 언어교육에서 연습했던 노래를 잘 불렀는가?
❺ 전통 악기 체험을 통해 무엇을 느끼게 되었는가?

색이 달라지다

다음 역은 안드로메다, 안드로메다역입니다.

내리실 문은 없습니다.

핵미사일 장전.

피할 곳도 없습니다.

안녕히 가세요.

개 요 아침 산책에서 가장 중요한 것은 모든 팀원이 정해진 시간에 숙소 앞에 모이는 것이다. 이를 위해서 몇 가지 규칙을 정해둔다. 정해진 시간까지 숙소 앞에 나타나지 않은 팀원이 있는 팀에게는 스탬프를 차감한다. 산책을 끝내고 난 후, 정해진 시간에 다시 모든 팀원이 없는 경우에도 스탬프를 차감한다. 다른 강제조항이 없는 대신에 '스탬프'에 대한 사항을 반드시 명심하여 페널티를 받지 않도록 주의한다. 매일 아침기상 시간은 아주 중요하다. 처음부터 철저하게 시간개념을 주의시키지 않으면 뒤로 갈수록 학생들을 통제할 수가 없게 된다. 시간 개념을 주의시키는 것을 첫 시작으로 매일 아침 '아침 산책'을 시킨다. 그러나 그 전날 너무 늦게 활동이 끝난 경우, 다음날은 '아침 산책'을 예외로 할 수 있다. 아침 산책은 마을 주변을 골고루 둘러볼 수 있게 동선을 정한다. 한 번에 30분 정도 가볍게 왕복할 수 있는 거리여야 한다. 산책 도중 마을 주민을 만난다면 반드시 고개 숙여 인사해야 한다.

시 간 1시간

질 문 인도네시아와 한국의 시차는 몇 시간인가?

인도네시아의 일과 시작 시간이 몇 시인지 아는가?

매일 아침 스트레칭과 산책을 해본 적이 있는가?

시골에서 여는 새벽장에 가본 적이 있는가?

목 적   일정 기간 동안 프로젝트를 효율적으로 진행하기 위해서는 매일 아침 정해진 시간에 일찍 일어나서 하루 일과를 준비하는 것이 필요하다. 전날 늦게 자서 아침에 기상하는 시간이 늦어지면, 모든 것들이 늦어지기 시작한다. 특히 많은 사람들이 단체로 생활할 때는 개인이 조금만 늦어도 전체 일정이 지연되므로 특히 주의한다.

준비물   포대

준 비   숙소 근처에 아침에 간단히 둘러볼 수 있는 산책코스를 살펴둔다. 간단한 스트레칭 체조를 연습하여 출발 전 전체 체조를 같이 할 수 있도록 준비한다.

교 육   ❶ 아침 일찍 미리 정해둔 시간에 숙소 앞에서 인원 점검을 실시한다. 만약 정해둔 시간에 나오지 않은 팀원이 있는 팀은 빠진 사람 수만큼 스탬프 페널티를 부여한다.

❷ 최대 5분을 기다린 후, 스트레칭 체조를 시작한다. 전체 순서를 알고 있는 스태프가 앞에서 시범을 보이고, 학생들은 따라한다.

❸ 스트레칭이 끝나면, 전체 인원은 정해진 코스를 산책한다. 산책은 가볍게 하되, 도중에 만나는 사람들에게는 현지 언어로 가볍게 고개 숙여 인사한다.

❹ 아침 산책이 끝나면 다시 숙소로 돌아가서 샤워를 한다. 아침 식사 전까지 약간의 시간이 있으므로 전날 워크북에 빠뜨렸던 것들이 있다면 이때 작성하도록 한다.

❺ 전체 일정 중 두 번 정도는 근처 시장에 가서 아침을 구해오는 미션으로 대체할 수 있다.

> **아침 구해오기 미션**
> • 인도네시아의 경우 각 마을마다 며칠에 한 번씩 새벽장이 열린다. 또, 도시의 경우에는 매일 열릴 수도 있다.
> • 새벽장이 열리는 경우, 아침 산책으로 그 장소까지 이동한 후 각 팀에게 지급된 식사비로 음식 및 과일을 구입한다.
> • 구입한 음식을 다시 숙소로 가져와서 같이 식사를 한다.

❻ 만약 '주변 시설 청소' 미션으로 대체하는 경우에는 반드시 작은 포대를 준비하여 지급한다. 아침 산책의 동선을 따라 지급된 포대에 쓰레기를 담아서 귀가한다.

❼ 숙소로 귀가 후 전체 학생들은 각 팀별로 스태프의 스탬프를 지급받는다. 만약 이때, 빠진 팀원이 있다면 다시 스탬프 페널티를 받게 되므로 주의한다.

미 션 '학생 워크북'의 미션은 다음과 같다.

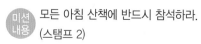 모든 아침 산책에 반드시 참석하라.
(스탬프 2)

미션 성공 여부에 따른 스탬프 지급 기준은 다음과 같다.

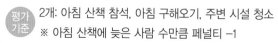 2개: 아침 산책 참석, 아침 구해오기, 주변 시설 청소
※ 아침 산책에 늦은 사람 수만큼 페널티 –1

과 제 주변의 아름다운 아침 풍경을 사진으로 남겨라.

핵 심 ❶ 첫 날 아침 산책에 빠진 학생에게 스탬프 페널티를 주었는가?

❷ 스탬프 페널티를 받은 학생이 다음 날도 늦게 나왔는가?

❸ 학생들이 스트레칭 체조에 적극적으로 동참하는가?

❹ 아침 산책을 할 때 숙소 주변을 골고루 잘 둘러보았는가?

❺ 아침 산책을 '아침 구해오기 미션'과 '일반 봉사 미션'으로 대체했을
때 학생들의 반응은 어떻게 다른가?

봉스커피

차를 타고 가다 우연히 봉스커피를 발견했다.
이미 오래전부터 커피숍을 만든다면
상호를 봉스커피로 하겠다고 생각해오던 터라 적잖이 놀랐다.
이름을 봉스커피로 한 이유가 뭔지 가게 주인에게 물어보았다.
주인은 약간 당황하면서 대답해 주었다.
"저는 가게 새로 인수한 거라서
왜 봉스커피인지는 몰라요."
내게는 중요한 봉스커피라는 이름이
정작 주인에게는 아무래도 상관없는 이름이었다.
그녀에게는 봉스커피의 의미보다도
이 위치에서 커피숍이
장사가 잘 될 건지가 중요했던 것이다.

4.4 자율 미션

개 요 문제 발견부터 제품 설치까지의 프로젝트가 진행되는 중간에 잠시 쉬
어가는 단계로 '자율 미션'을 수행하게 한다. 자율 미션은 활동지 주변
을 돌아보는 프로그램으로 구성된다. 도시지역이라면 시내 주요 지점
을 돌아볼 수 있게 하고, 바다가 끼인 마을에서는 근처 해변에서 쉬게
한다. 그러나 활동지 부근에 학생들을 데려다 놓고 무작정 자유롭게 놀
다 오라고 해서는 안 된다. 프로젝트 활동 중간의 적절한 타이밍에 학
생들에게 자유 시간을 팀 자율 미션과 연결시키도록 한다. 반드시 중간
에 점심시간을 끼워 자율 미션 수행 중에 학생들 스스로 식사를 해결할
수 있도록 조치한다. 또, 자율 미션 내용을 사진을 찍어서 '사진 콘테스
트'를 열도록 한다. 사진 콘테스트는 반드시 전체 팀원이 다 나오도록
하고, 이 중에서 베스트 사진으로 선정된 팀에게 스탬프를 지급하도록
한다. 어떤 경우든지 자율 미션에 대한 평가는 본인 팀 스스로 내리도
록 한다. 정해진 미션을 따라서 움직이기만 하다가, 스스로 미션을 결
정하고 평가해 보면 아무리 사소한 것이라 하더라도 배울 점이 생긴다.

시 간 6시간

질 문 자유 시간이 생긴다면 무엇을 하고 싶은가?
현지에서 가장 가보고 싶은 곳이 어디인가?
현지에서 가장 먹고 싶은 음식은 무엇인가?

팀원들 중에서 가장 사진을 잘 찍는 사람은 누구인가?

목 적 팀 자율 미션에는 미리 준비한 '주요 지점 인증샷 찍기'를 기본으로 하여 팀별로 자유롭게 미션을 정하여 '미션 완료' 여부를 스스로 평가하게 한다.

준비물 명찰, 단체복, 지도, 활동비

준 비 주요 지점을 중심으로 반경 5km 내에 주요 상징물과 동선을 표시한 지도를 제작한다. 학생들에게는 팀별 활동비를 일정 금액씩 지급한다. 숙소에서 시내까지는 버스로 이동할 수 있도록 하고, 귀가 시간을 정하여 학생들이 자율 미션을 수행하고 해당 장소로 모일 수 있도록 조치한다.

교 육 ❶ 당일 아침, 모든 학생은 정해진 시간에 버스에 탑승해야 한다. 전체 인원 체크를 하고 시내로 이동한다. 모든 학생은 수행기관에서 지급한 단체복과 명찰을 착용하도록 한다.

❷ 출발점에 도착하면 모두 하차하여 팀별로 먼저 출발할 팀을 정한다. 먼저 출발할 팀은 '1.4 팀워크 향상' 때의 팔굽혀펴기, 공기받기, 가위바위보의 미니게임을 이용하여 결정한다.

❸ 모든 팀의 출발 시간이 다르므로 먼저 출발한 팀은 먼저 '주요 지점 인증샷 찍기' 미션을 수행한다.

> **시내 주요 지점 인증샷 찍기**
> - 교통안전에 주의하여 주요 지점을 돌고, 각 지점에서 전체 팀원을 포함하여 인증샷을 찍는다.
> - 각 팀은 어떻게 움직이는가에 관계없이 각 지점에서 무조건 '인증샷'을 찍어야 한다.

- 나중에 이 인증샷 경진대회를 통해 베스트 포토를 뽑고 추가 스탬프를 지급할 수 있다.
- 모든 학생은 2시간 이내에 전체 지점을 돌고 난 후 다시 출발점으로 돌아와야 한다.

❹ 각 팀은 별도의 자율 미션을 정하여 수행한다.

자율 미션
- 현지 초등학생들과 사진 찍기를 할 수도 있다.
- 공원의 쓰레기를 주울 수도 있다.
- 현지 물건 판매를 대신 경험해 볼 수도 있다.
- 미리 보아둔 곳에 가서 추가 봉사활동을 할 수도 있다.

❺ 참가 학생들은 자율 미션 수행 내용을 워크북에 기록하여 매니저의 서명을 받는다.

❻ 스태프는 매니저의 서명을 확인하고 스탬프를 지급한다.

❼ 각 팀은 베스트 사진이라고 생각하는 사진 파일을 복사하여 '본부'에 제출한다. 스태프는 각 팀의 베스트 포토를 가까운 사진관에서 전용 용지에 출력하고, 본부 앞의 화이트보드에 붙여서 '베스트 포토 콘테스트'를 실시한다.

베스트 포토 콘테스트

• 참가 학생들에게 투표 스티커 3장씩을 주어 마음에 드는 사진 3개에 투표한다.

• 본인 팀의 사진에 투표를 금지한다.

• 특정 팀의 사진 한 장에 중복 투표를 금한다.

• 투표 결과에 근거하여 베스트 포토를 선정한다.

• 베스트 포토로 선정된 최상위 팀에게는 추가 스탬프 3개를 지급하고, 나머지 팀에게는 스탬프를 차등하여 지급한다.

❽ 만약 장소가 시내가 아니라 해변인 경우, 자율 미션, 포토 콘테스트를 적절히 계획하여 시행한다.

해변에서의 자율 미션

• 비치발리볼 게임이나 수영대회를 할 수도 있다.

• 어떤 게임을 하든지 맨 마지막에는 프로젝트 로고를 활용하여 모래 그림을 그려보게 해서 인증샷을 남기도록 한다. 이 인증샷으로 베스트 포토를 뽑고 추가 스탬프를 지급할 수 있다.

• 활동 중간에 역시 점심식사를 해결할 수 있도록 점심식사비를 지급하고, 자율 미션을 수행하도록 지시한다.

미 션 '학생 워크북'의 미션은 다음과 같다.

 주요 지점의 인증샷을 찍고, 자율 미션을 수행하라.
(스탬프 1~2)

미션 성공 여부에 따른 스탬프 지급 기준은 다음과 같다.

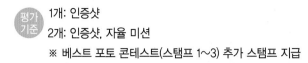

평가
기준

1개: 인증샷

2개: 인증샷, 자율 미션

※ 베스트 포토 콘테스트(스탬프 1~3) 추가 스탬프 지급

과 제　팀별 자율 미션을 수행하고, 베스트 포토를 찍어라.

핵 심　❶ 해당 지역 팀 미션을 수행할 때 각 지점의 역사적 의미를 확인하고 지나가는가?

❷ 자율 미션을 성공적으로 수행하기 위한 전략을 세웠는가?

❸ 자율 미션 내용은 창의적으로 정하고 제대로 수행하였는가?

❹ 팀별 자율 미션에 대한 스스로의 평가점수는 어떠한가?

❺ 어떤 사진이 베스트 포토가 되는가?

참 고　다음은 인도네시아 수라바야 시내 주요 지점 인증샷 미션에 사용된 지도와 정보이다.

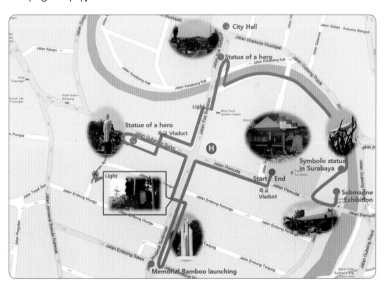

211

비비 커피숍 사장님

커피 바리스타가

라떼아트로 비비 스타일을 그리는 순간

묻어뒀던 기억이 살아나기 시작했다.

한국적인 것도 세계적인 것이 될 수 있고,

내가 만드는 프로젝트가 누군가가 닮고 싶어 하는 모델이 될 수도 있다.

"공학교육 프로그램도 좋고 공학봉사도 좋지만,

나는 커피숍을 운영하고 싶어요.

누구나 마시면 공학을 좋아하게 되는

비비 스타일의 커피숍 말이에요.

실제로 커피도 팔고요. 하하"

4.5 일반 봉사

개 요 '공학봉사학습'은 '공학', '봉사', '학습'의 세 가지 키워드의 결합체이다. 공학은 공학전공에 기반을 둔 활동이며, 봉사는 이웃에게 도움을 주는 행위이다. 학습은 활동기간의 경험을 통해 스스로 학습 성과를 향상시키는 것을 말한다. 우리의 프로젝트는 이 세 가지 키워드를 동시에 충족시킬 수 있는 활동이기 때문에 아주 큰 의미가 있다.

본 프로젝트의 성격상 처음부터 모든 활동을 뒤로 미룬 채 일반 봉사에 시간을 투입할 수 없다. 그러나 현지 문제를 찾아서 해결하는 일 외에 참가 학생들이 이웃을 도울 수 있는 일을 반드시 찾아내야 한다. 칠이 벗겨져 낡은 시설물의 외벽을 페인트를 다시 칠할 수도 있고, 부서진 놀이기구의 연결부분을 다시 용접하여 수리할 수도 있다.

시 간 3시간

질 문 공학, 봉사, 학습이란 무엇인가?

공학봉사 외에 일반 봉사는 어떤 것이 있는가?

우리가 방문한 고아원과 마을에 어떤 도움을 줄 수 있는가?

주변에 버려져 있는 쓰레기를 어떻게 해야 할 것인가?

목 적 전체 일정 중에 여유 있는 시간이 있거나, 특정 팀이 미션 실패 때문에 이후 일정이 비는 경우에는 자체적으로 계획을 세워 일반 봉사를 수행할 수 있도록 한다.

준비물 청소도구, 공구, 페인트, 포대, 쓰레기통, 재활용 스티커, 이발기

준 비 참가 학생들의 특기 중에 일반 봉사에 유용한 것들을 선별하여 둔다. 용접이나 특정 공구를 사용할 수 있는 것은 물론 페인트칠이 가능하다면 페인트도 준비해 둘 수 있다. 쓰레기를 담을 수 있는 포대와 쓰레기통, 재활용 스티커 등을 준비해 둔다.

교 육 ❶ '일반 봉사'는 프로젝트 초반에 진행한다. 모든 참가자들을 청소에 참여하게 한다. 학생들은 '청소 도구'를 고아원이나 주변 이웃에게 빌려야 한다.

❷ 활동지 부근의 고아원, 사원, 공공시설, 해변 등을 위주로 청소 계획을 세운다. 청소해야 할 곳이 많으면 해당 학생들을 몇 개 그룹으로 나누어 청소해야 할 곳에 투입한다.

> **일반 봉사**
> * 인도네시아 지역의 경우에는 각 마을마다 '사원'이 있고, 이 사원이 지역 커뮤니티의 중심이므로 반드시 방문하도록 하자. 정기적인 기도시간을 피해서 청소하고, 청소도구는 이웃에게 직접 빌리도록 한다. 청소가 끝나면 청소도구를 정리하여 이웃에게 돌려준다.
> * 마을 주변이나 바닷가에 어지럽게 널려 있는 쓰레기를 다 같이 주을 수도 있다. 큰 포대를 준비해서 각 팀들이 한 포대씩 쓰레기를 줍게 한다. 물론, 이 정도로 많은 쓰레기를 다 주울 수는 없기 때문에 일정 지역을 정하도록 하며, 이 활동을 마을 주민들이 알 수 있도록 알리면 좋다. 가능하다면 근처 주민들과 같이 쓰레기를 줍는 것도 고려해 보자. 이 경우 1회로 그치지 말고, 최소한 2회에 걸쳐 쓰레기를 줍도록 한다.
> * 고아원인 경우 어린이들과 다 같이 청소할 수 있도록 한다. 거실, 침실, 부엌, 화장실, 앞마당 등을 깨끗이 청소한다.
> * 쓰레기통을 몇 개 사서 분리수거 스티커를 만들어 붙이도록 한다. 재활

용 쓰레기와 일반 쓰레기를 분리해서 담게 함으로써 재활용에 대한 개념을 이해시키도록 한다.

❸ 최종 제품 평가에서 설치유보를 받은 팀들은 본인들이 책임진 구역(고아원 또는 마을 특정 구역)에 설치할 제품이 없기 때문에, 그 대신에 일반 봉사를 수행하도록 한다. 다시 책임구역을 방문하여 일반 봉사 계획을 세운다.

❹ 용접이 필요한 곳이 발견되고, 실제 용접 가능한 학생이 있으면 캠퍼스에서 용접기를 빌려서 갈 수 있다.

❺ 페인트칠은 생각보다 시간과 노력이 많이 들기 때문에 너무 대규모의 계획을 세우지 않는 것이 좋다. 다만, 필요성이 제기되었다면 적절히 계획을 짜서 수행한다.

❻ 일반 봉사에 대해 '본부'에서 판단하여 추가 스탬프를 지급할 수 있다.

미 션 '학생 워크북'의 미션은 다음과 같다.

미션
내용 주변 시설을 청소하고, 일반 봉사를 수행하라.
(스탬프 1~3)

미션 성공 여부에 따른 스탬프 지급 기준은 다음과 같다.

평가
기준 1개: 주변 시설 청소
2개: 주변 시설 청소, 자체 일반 봉사
3개: 주변 시설 청소, 쓰레기 분리수거 지도, 자체 일반 봉사

과 제 아이스크림을 몇 개 사서 아이들과 나누어 먹어라.

핵 심 ❶ 주변 시설 청소의 필요성을 학생들이 느끼는가?

❷ 학생의 특기를 활용하여 어떤 일반 봉사를 할 수 있는가?

❸ 제품 설치 유보 판정 받은 팀이 일반 봉사 계획을 의욕적으로 세우는가?

❹ 일반 봉사를 한 학생들의 만족감이 공학봉사를 한 학생들과 비교해서 어떠한가?

❺ 어린이들이 재활용 쓰레기를 구분해 내는가?

참 고 다음은 일반 봉사의 몇 가지 예이다.

일반 봉사
- 페인트칠: 덥고 습한 열대 기후의 특성상 페인트가 벗겨진 건물이 많은 반면에 현지 사람들은 원색의 페인트를 선호한다. 그림을 그리기보다는 원색으로 넓은 면적을 빠르게 칠하는 것이 좋다.
- 용접: 고아원의 경우 그네나 놀이기구 등의 용접이 끊어진 경우가 많으므로 시간을 내어 용접을 해주는 것도 좋다.
- 댄스 교실: 최근 한류의 열풍으로 한국 드라마와 가요가 인도네시아에서 인기를 끌고 있으므로, 쉬운 최신 곡을 골라 댄스를 가르치면 아이들뿐만 아니라 대학생들도 흥미 있어 한다.
- 태권도 교실: 태권도의 경우 사용되는 국제표준어가 한글이므로 한글에 대한 자부심과 함께 한국의 태권도를 널리 전파할 수 있다.

베베가 뭐예요? 베베가 아니라 비비입니다. 스타벅스 로고와 비슷하네요? 스타벅스 로고와 비슷합니다. 진짜 커피도 팔아요? 진짜 커피도 팝니다. 왜 인도네시아까지 가서 커피를 팔고 있나요? 현재 인도네시아에서만 커피를 팔고 있습니다. 커피 마시면 뭐가 좋아요? 비비 커피는 마시면 마실수록 창의력이 충전되는 아주 희한한 커피입니다.

Project ## 4.6 작별 만찬

개 요 프로젝트의 시작이 이웃과 만나는 것과 환영 만찬이었다면, 프로젝트의 끝은 이웃과의 작별인사이다. 현지에서의 활동시간이 참가한 학생들에게 특별한 기억이듯 현지 주민에게도 공학봉사단의 방문이 평생 잊지 못할 추억이 될 것이다.

프로젝트 첫 날 이웃과 만나기 위해 마을을 돌아다녔다면, 프로젝트 마지막 날 이웃과 작별인사를 하기 위해 다시 이웃을 찾아가야 한다. 주요 제품을 설치한 고아원과 마을을 책임지고 있는 팀별로 마지막으로 들러서 작별 인사를 한다. 설치한 제품을 배경으로 현지 주민 모두와 같이 사진을 찍는다. 고아원과 마을에 학용품이나 생활용품과 같은 작별 선물을 한다. 캠퍼스에서 작별 만찬을 준비하여 참가자들 모두가 작별인사를 나눌 수 있도록 한다. 작별 만찬에서는 책임자들의 인사말과 팀 소개를 비롯하여 팀장이 각자의 제품을 3분간 소개한다. 베스트 멤버를 발표하고 식사를 한 뒤 작별 만찬을 마무리한다.

시 간 2시간

질 문 프로젝트가 끝나가는 시점에서 소감이 어떠한가?
프로젝트의 마지막 날에 가장 나누고 싶은 이야기는 무엇인가?
어떤 팀원이 팀의 베스트 멤버인가?
베스트 멤버 선정 기준은 무엇인가?

목 적 프로젝트를 끝내기 전에 마지막으로 한 번 더 해당 사이트의 주민들과 작별인사를 함으로써 유종의 미를 거두게 한다.

준비물 음식, 방송시설, 책, 학용품, 생활용품

준 비 여러 고아원과 마을에 해당 팀들이 방문할 수 있도록 방문시간과 동선을 정한다. 학생이 타고 움직일 수 있는 차량과 버스를 준비한다. 작별 만찬에 사용될 장소를 섭외하고, 음식과 방송시설을 준비한다. 또한 주요 인사를 초청한다. 고아원과 마을 주민에게 선물할 책, 학용품, 생활용품 등을 구매한다.

교 육 ❶ 제품이 설치된 고아원과 마을에 해당되는 팀들이 각각 이동한다. 걸어서 갈 수 있는 곳은 걸어서 가고, 버스로 이동해야 하는 팀은 버스로 이동한다.

❷ 전체 이웃을 일일이 방문하기는 어렵기 때문에 길을 가다 만나는 사람에게는 '잘 계세요.'라는 인사를 간단히 전한다. 몇몇 주요 이웃을 방문하게 되면 정중히 현지 언어로 작별인사를 하고, 당부 말씀을 듣고 기념사진을 찍는다.

❸ 주요 제품이 설치된 지역에서는 반드시 마지막으로 제품의 상태를 확인한다.

> **제품 상태 확인**
> - 설치 제품의 고장 여부를 꼼꼼히 파악한다.
> - 제품이 설치된 곳의 주민이 사용방법을 알고 있는지 확인한다.
> - 수행기관의 대표 제품을 설치했을 경우, 인증스티커를 붙였는지 확인한다.

❹ 제품을 배경으로 참가자들이 기념사진을 찍는다.

❺ 고아원 같은 시설의 경우 책을 추가적으로 구입할 수도 있고, 학용

품을 선물로 주고 올 수도 있다. 마을 주민의 경우에는 마을의 특성을 고려하여 손전등이나 생활용품을 선물로 주고 올 수도 있다. 어떤 경우든 미리 결정하여 주문하고, 해당 선물에 프로젝트 로고를 찍거나 붙이도록 한다.

⑥ 모든 학생들이 다시 캠퍼스로 돌아온 뒤에 작별 만찬을 가지도록 한다. 학생들이 도착하기 전에 미리 음식 세팅 및 방송시설 설치를 완료한다.

⑦ 작별 만찬은 로비에서 미리 준비한 음식을 먹고, 식사 시작 30분 후에 진행한다.

⑧ 수행기관과 협력기관의 대표 순으로 인사말을 하도록 한다. 따라서 미리 인사말을 할 사람에게 시간을 알려주어야 한다.

⑨ 각 팀은 팀 소개와 구호를 외친다.

⑩ 그 후 '5.3 우수 팀원 선발'에서 미리 뽑아둔 우수 팀원 시상을 시작한다. 우수 팀원의 선정 이유와 선발 소감을 간략히 3분 이내로 이야기한다.

⑪ 미리 연습한 'Heal the world' 노래를 전체 학생들이 맡은 부분을 같이 부른다.

⑫ 단체 사진을 찍는 것으로 작별 만찬을 마무리한다.

미 션 　'학생 워크북'의 미션은 다음과 같다.

마을 주민과 현지 언어로 작별인사를 하고 난 후 클로징 리셉션에서 다 같이 Heal the world를 불러라(스탬프 1~3).

미션 성공 여부에 따른 스탬프 지급 기준은 다음과 같다.

1개: 선물 증정

2개: 이웃과 기념촬영, 제품 배경 기념촬영, 선물 증정

3개: 이웃과 기념촬영, 제품 배경 기념촬영, 선물 증정, 노래 부르기

과 제 　팀원들끼리 한 명도 빠지지 말고 돌아가며 고맙다는 인사를 하라.

핵 심 　❶ 현지 주민에게 현지 언어로 작별인사를 하는가?

❷ 현지 주민의 당부 말씀을 다시 영어로 통역해서 알려주는가?

❸ 직접 제작한 제품을 배경으로 단체 사진을 찍었는가?

❹ 클로징 리셉션에서 팀 구호를 잊지 않고 잘 외쳤는가?

❺ 각 팀의 베스트 멤버를 적절한 기준으로 선정하였는가?

참 고 　다음은 마이클 잭슨의 'Heal the world' 가사이다.

Heal the World

Think about the generations	후손들을 생각해 보세요
and they say	그들은 말하죠
"we want to make it	"우린 세상을 더 좋은 곳으로
a better place for our children	만들고 싶어요.
and the children's children."	우리 자식과 또 그 후손들을 위해서"라고
so that they, they, they know	그래서 후손들이 사는 세상이
it's a better world for them	더 좋은 곳이고
and think if they can	더욱 나은 곳으로 만들 수
make it a better place.	있다는 걸 알도록 해야죠
There's a place in your heart	당신 마음속에 사랑이란
And I know that it is love	것이 있다는 걸 알아요
And this place could be	그 사랑은 내일의 희망보다

Much brighter than tomorrow	더욱 찬란하죠
And if you really try	진정 노력한다면
You'll find there's no need to cry	이곳에선 슬퍼할 이유가
In this place you feel	없다는 걸 알게 될 거예요
there's no hurt or sorrow	아픔도 슬픔도 없을 거예요
There are ways to get there	당신이 삶을 소중히 여긴다면
If you care enough for the living	거기에 이르는 길은 있어요
Make a little space	조그마한 사랑의 공간을 마련해서
Make a better place	더 나은 세상을 만들어요
*	후렴
Heal the world	좋은 세상을 만들어요
Make it a better place	당신과 나와
For you and for me	그리고 전 인류를 위해서
And the entire human race	더 나은 세상을 지어요
There are people dying	죽어가는 사람들도 있어요
If you care enough for the living	우리가 삶을 소중히 여긴다면
Make a better place	당신과 날 위해서라도
For you and for me	좋은 세상을 만들 수 있어요
If you want to know	사랑의 힘이 왜 강인한지 알고 싶나요
why love is strong,	사랑은 거짓을 말하지 못하기 때문이에요
there's a love that cannot lie	사랑은 베푸는 기쁨을
it only cares for joyful giving	소중히 여기기 때문이죠
If we try, we shall see	우리가 노력하면 그 축복 안에서
In this bliss,	(희망을) 볼 수 있을 거예요
we cannot feel fear or dread	우린 불안과 두려움도 없고,
We stop existing	단순히 존재하는 게 아닌
and start living	진정한 삶을 시작하게 될 거예요
Then, it feels that always	그러면, 우리가 사는 데
Love's enough for us growing	부족함 없는 사랑을 느낄 거예요
Make a better world	더 좋은 세상을 만들어요
And make a better world	더 나은 세상을 만들어요

Repeat *   후렴 반복

And the dream we were conceived in   그럼, 우리가 간직해 온 꿈들이
will reveal a joyful face   기쁨의 얼굴을 내비칠 거예요
And the world we once believed in   그리고, 우리가 믿어온 세상이
will shine again in grace   은총으로 빛날 거예요
Then, why do we keep   그런데, 우리는 이 세상이
strangling life   신의 은총으로
Wound this earth,   빛난다는 걸
crucify its soul   뻔히 알면서도,
Though it's plain to see   왜 삶을 억압하고
This world,   세상을 상처 입히고
this heavenly be God's glow   영혼을 괴롭히나요

We could fly so high   우린 높이 날 수 있고
And our spirits never die   우리 마음속의 영혼은
In my heart,   결코 죽지 않아요
I feel you are all my brothers   모든 사람들이 나의 형제들이라고 느껴요
Create a world with no fear   두려움 없는 세상을 만들어요
Together, we'll cry happy tears   우리 함께 기쁨의 눈물을 흘릴 수 있고,
See the nations turn   모든 나라가 무기를
Their swords into plowshares   보습으로 바꾸는 걸 볼 수 있겠죠

We could really get there   우리가 진정 삶을
If you care enough for the living   소중히 여긴다면
Make a little space   목적지에 다다를 수 있어요
To make a better place   더 좋은 세상을 만들어요

Repeat *   후렴 반복

You and for me   당신과 날 위해서

Heal the world we live in   우리가 사는 세상을 치유해요
Save it for our children   우리 자손들을 위해 세상을 구해요

창의충전소와 소년의 꿈

말도 안 되는 공상을 좋아하고, 가만히 있는 것을 즐기던 한 소년이 있었다. 소년은 달의 무게를 어떤 저울로 쟀는지, 태양과 지구 사이의 거리를 잴만한 자가 있는지 궁금했지만, 선생님은 소년에게 산만하다고 했다. 소년은 들에 나가 농사일을 도우는 대신 집에서 책을 읽고 싶어 했지만, 아버지는 소년에게 게으르다고 했다.

산만하고 게을렀던 소년은 짧은 머리에 뿔테안경을 쓴 한 소녀를 만났다. '나는 오늘 동류인간을 만났다.' 이것이 소녀가 소년에게 건넨 첫마디였다. 소년과 소녀의 세계에는 달이 두 개였고, 꿈과 현실을 구분하기 위한 팽이가 존재했으며, 이승과 저승을 오가는 배를 기다리는 사람들이 있었다. 소년은 자기 별로 돌아가기 위해 사막으로 떠난 '어린왕자'였으며, 소녀는 수레바퀴 아래에서의 '한스'였다.

창의충전소는 소년과 소녀의 공상에서부터 시작되었다. '어린왕자가 남겨진 장미에게 진짜 마음을 전하게 하고, 한스의 재능을 사람들과 나눌 수 있게 하는 교육은 없을까.' 이웃에게 도움이 되는 착한 기술을 상상하고 설계해보며 공학이 꼭 필요한 재미있는 학문이라는 인식을 가질 수 있는 교육프로그램이 바로 창의충전소이다.

창의충전소는 창의종합설계에 공학봉사 아이디어를 도입하여 2009년부터 지금까지 매년 정기적으로 인도네시아 주민들을 돕는 활동을 계속하고 있다.

전기가 부족한 지역의 주민들을 돕기 위해 바람을 이용한 복원력을 가진 직선 왕복 운동으로 전기를 생성하는 '아프리카의 바람을 담는 상자, 윈드큐빅'을 2009년에 개발하였다. 2010년에는 '유해물질 없는 태양전지 귀체온계' 시제품을 개발하였고, 동남권 참여 대학 및 인도네시아의 EEPIS 대학과 협력하여 고아원에 '태양광발전장치'를 설치하였다. 2011년에는 '공학봉사단'을 조직하여 '솔라셀 가로등 모듈'과 '우물 정수장치' 등을 설치하고 '풍선아트, 도서관 페인트 작업'의 일반 봉사를 하였다. 2012년에는 '태양광 해충 퇴치기', '태양광 큐브 충전모듈' 등을 설치하고, 현지에서 다시 팀을 재구성하여 '문제발견'부터 '시제품제작'까지의 전 과정을 교육하였다.

2013년 1월부터는 실제 사용가능한 제품의 제작 및 설치까지의 과정을 직접 현지에서 운영하였다. 문제와 해결책을 참가자 스스로 결정하였고, 이 과정을 의미 있게 만드는 세부적인 과제들을 수행하여 빨래건조대, 하수구커버, 회전형 쓰레기통 등 실생활에 도움이 되는 제품들을 제작하였다. 또한, 학생들이 활동기간 획득한 '비코인'을 이용할 수 있는 '비비커피숍'을 운영하여 공학에 재미를 더하였다.

2013년 8월에는 대학 근처 마을에서 산촌마을로 활동 지역을 옮겨 열악하고 제한된 상황에서 '아궁이연기 제거 환풍장치', '놀이와 교육을 겸한 분리쓰레기통', '쓰레기 소각 보일러' 등 오히려 보다 더 지역 주민에게 필요하고 도움이 되는 제품들을 제작할 수 있었다. 또한, 참가 학생의 미션 완수를 돕는 롤플레잉 게임 형식의 '비비퀘스트'를 운영하였다.

창의력이 부족한 사람이나 필요한 사람은 부산대학교 공학교육거점센터

창의충전소의 소년을 만나보길 바란다. 문제를 보는 관점을 바꾸고 현지 주민의 입장에서 생각해보면, 착한 기술과 본인의 전공을 활용한 창의적인 아이디어가 나올 수 있다. 당신은 전공지식의 색안경을 통해 공학으로 이루어진 세상을 보게 될 것이고, 본인에게 내재되어 있던 창의력을 이끌어내어 다른 사람에게 긍정적인 영향을 주는 또 하나의 소년으로 바뀌어 있을 것이다.

Project 5 아이디어를 정리하고 공유하라

프로젝트의 성패는 만들어진 제품의 작동 상태와 설치 여부로 판단하는 것이 아니다. 단기간의 성공과 실패는 학생들의 경험을 담금질하는 용도일 뿐이다. 보다 중요한 것은 그들 스스로 그들 제품을 평가하고, 그들 팀원을 평가하고, 아이디어를 정리하고 공유하는 것이다. 프로젝트가 연속성을 가지고 매년 이후 참가자들에게 경험을 전수하고 프로그램을 개선해 나갈 수 있을 때 비로소 프로젝트의 성패를 이야기할 수 있을 것이다.

참가자들은 자기 성찰을 통해서 프로젝트 기간 내의 활동을 한 번 더 돌아보고, 동료와 경험을 공유할 수 있다. 제품 평가를 겸한 전시회에서는 참가 학생들 뿐만 아니라 일반 학생들과 이웃들이 직접 제품을 평가할 수 있다. 팀원들 모두의 의견 수렴으로 학생들 스스로 우수 팀원을 선발하게 한다. 프로젝트 기간동안 매일 일지를 작성하여 활동사항을 기록으로 남기고, 매일 아침 전체 미팅 시간을 통해 프로젝트의 진행사항을 점검하고 조율해 나간다. 마지막으로 최종 보고회를 통해 참가자들의 경험이 다른 많은 사람들에게 전달될 수 있도록 한다.

5.1 자기 성찰

개 요 자기 성찰은 본 프로젝트의 가장 중요한 단계라고 볼 수 있다. 자기 성
찰을 통해 그동안의 활동을 돌아보는 시간은 자칫 한 번의 경험으로
잊혀질 수 있는 다양한 경험들을 한 번 더 기억하게 하여 평생 기억에
남도록 돕는 과정이다. 자기 성찰 발표시간은 반드시 따로 시간을 정
해서 실시하도록 한다. 모든 참가자가 짧더라도 돌아가며 다 자기 성
찰결과를 발표할 수 있도록 한다. 짧은 소감 발표만으로 끝나지 않도
록 각별히 주의해야 한다. 학생들의 자기 성찰 발표가 끝나면, 매니
저와 스태프들도 본인의 성찰을 발표하도록 한다. 이것은 학생의 입
장에서도 대단히 중요한 과정이다. 매니저와 스태프들이 어떤 의도로
본인들을 이끌고 지원해왔는지 직접 들어보면, 교육받은 주체로서 본
프로젝트의 학습효과가 배가될 것으로 믿어 의심치 않는다.

시 간 2시간

질 문 자기 성찰은 왜 하는가?

공학봉사학습이란 무엇인가?

프로젝트 참여기간에 가장 재미있었던 것은 무엇인가?

프로젝트 참여기간에 가장 보람 있었던 것은 무엇인가?

프로젝트 참가 전과 후에 본인은 어떻게 달라졌는가?

목 적 자기 성찰은 프로젝트의 모든 단계를 통틀어 가장 중요한 단계이다. 전체 프로젝트 기간에 주요 활동들을 다시 한 번 더 돌이켜보고, 철저하게 본인에게 초점을 맞추어 기록되어야 한다. 프로젝트 참가 전과 후에 본인의 달라진 점을 스스로 적게 한다.

준비물 자기 성찰 노트

준 비 자기 성찰 노트를 작성할 수 있도록 충분한 시간을 주어야 한다. 또, 모든 참가자가 자기 성찰을 발표할 수 있도록 장소와 시간을 미리 확보해 두어야 한다. 매니저와 스태프들도 미리 스스로의 입장에서 성찰 노트를 작성해둔다.

교 육 ❶ 아무리 시간이 부족하더라도 '자기 성찰 노트' 작성 시간은 반드시 1시간을 주도록 한다.

> **자기 성찰 노트 작성**
> * 학생들은 자국의 언어로 자기 성찰 내용을 작성한다.
> * 자원 및 기술 활용 능력, 협동 능력, 의사소통 능력, 자기관리 능력, 분석적 사고 능력, 글로벌 역량 등의 주요 카테고리별로 꼼꼼하게 기술하도록 한다.
> * 인상 깊은 점과 남기는 말을 작성한다.
> * 자기 성찰 노트에 작성된 내용을 바탕으로 전체 자기 성찰 발표시간에 발표할 내용을 영어로 작성한다.

❷ 모든 학생들은 작성된 자기 성찰 노트를 매니저에게 보여주고 서명을 받도록 한다.

> **자기 성찰 참고사항**
> • 학생들이 프로젝트에 바라는 내용과 개선해야 될 사항들은 자기 성찰에 적지 않도록 한다. 이러한 내용은 프로젝트가 끝나고 설문조사를 실시할 때 프로젝트에 대한 제언을 남길 수 있다.
> • 자기 성찰 노트에 담긴 내용은 프로젝트의 소중한 자료로써 향후 백서를 만들거나 보고서를 만들 때 반드시 참고하도록 한다. 또, 프로젝트의 기획 의도가 어떻게 결과로 반영되었는지 분석하는 자료로 활용한다.

❸ 자기 성찰 발표는 넓고 조용한 장소에서 진행한다. 최종 전시회 등 모든 단계가 끝나고 맨 마지막에 실시하는 것이 좋다.

❹ 강당이면 앞에 단상을 만들어 순서에 따라 팀을 호명한다. 호명된 팀은 모두 앞으로 나와서 최초에 팀 만들기 미션에서 했던 것과 같은 식으로 팀 소개를 하고 자리에 앉는다.

⑤ 팀 소개가 끝나면 각 팀별로 자기 성찰 발표를 시작한다.

⑥ 앞 팀이 퇴장하면 바로 다음 팀을 호명하여 자기 성찰 발표를 계속
해 나간다.

⑦ 학생들의 자기 성찰 발표 시간이 끝나면 매니저를 순서대로 호명
하여 자기 성찰 발표 시간을 준다. 최소 1분부터 최대 3분을 넘지
않도록 한다.

⑧ 다음으로 스태프에게 자기 성찰 발표 시간을 준다.

⑨ 스태프까지 자기 성찰 발표가 끝나면 참가 교수들에게 자기 성찰 발표 시간을 준다.

⑩ 마지막으로 프로젝트의 전체 책임자의 성찰 발표를 듣고 마무리 한다.

미 션 '학생 워크북'의 미션은 다음과 같다.

> **미션 내용** 자기 성찰 노트를 작성하고, 내용을 영어로 요약해서 발표하라. (스탬프 1~3)

미션 성공 여부에 따른 스탬프 지급 기준은 다음과 같다.

> **평가 기준** 1개: 자기 성찰 노트 작성
> 2개: 자기 성찰 노트 작성, 성찰 내용 발표
> 3개: 자기 성찰 노트 작성, 영어 발표문 요약, 영어 발표문 발표

과 제 팀원들끼리 롤링페이퍼를 돌려가며 작성하라.

핵 심 ① 학생들이 자기 성찰 노트에 실제 성찰의 내용을 기록하는가?

② 성찰 노트의 카테고리별로 구체적인 내용을 기입하는가?

③ 자기 성찰 발표 시간에 다른 사람의 발표를 귀 기울여 듣는가?

④ 팀별로 단상에 나가 팀 구호를 외칠 때 진지함이 느껴지는가?

⑤ 자기 성찰 노트에 프로젝트에서 기획한 바가 잘 반영되었는가?

공학봉사, 그 설렘의 시작

부산대학교 공학교육혁신센터에서 주관하는 공학봉사설계아카데미에 참가하기 위하여 이른 아침부터 분주히 서둘러야 했다. 지난 기간 공학봉사를 목적으로 '모기 잡는 장치'를 만들기 위하여 몇 달간 밤낮으로 매달렸던 시간들이 갑자기 떠올랐다. 내가 만든 장치를 인도네시아의 고아원에 달아줄 생각을 하니 그동안의 피로가 잊히는 기분이었다.

인도네시아에서 나를 처음 반긴 것은 뜨거운 공기였다. 입고 있던 겨울옷들을 급하게 여름옷으로 갈아입고 나니 겨울방학이 여름방학으로 바뀌었다. 출국장에서는 반가운 얼굴들이 나를 기다리고 있었다. 특히 먼저 선발대로 하루 일찍 출발하였던 센터 선생님을 보자 낯선 곳임에도 불구하고 편안한 마음이 들었다.

공항에서는 두 대의 버스가 기다리고 있었다. 첫 번째 숙소인 '갈리안드라

수련원'으로 가는 길은 예상외로 멀었다. 갈리안드라 수련원은 수라바야 시내에 있는 것이 아니라 남쪽으로 60km 정도 더 내려간 산 중턱에 자리 잡은 아름다운 곳이라고 했다. 버스에 타자마자 인도네시아에서의 첫 식사를 배급받았다. 겉으로 보기에 분명히 햄버거라고 생각했던 포장을 풀어 보니 흰 밥이 뭉쳐져 있었다. 치킨 한 조각과 맨밥이지만 맛있게 먹었다.

5.2 제품 전시회

개 요 프로젝트 활동 기간 중 만들어진 제품은 모두 최종 평가를 거치게 된
다. 최종 평가는 여러 단계로 나눌 수 있다. 먼저, 제품의 작동 여부와
완성상태를 판단하는 최종 점검, 제품설명서를 사용하여 제품의 제작
배경부터 완성까지의 과정을 설명하는 제품 설명, 그리고 만들어진
제품을 실제 사용자의 입장에서 평가하는 일반인 평가가 있다.
제품 전시회에서는 본 프로젝트의 의미와 만들어진 제품을 현지 대학
의 학생들과 일반인에게 소개하여야 한다. 1회에 그치지 않고, 계속
이어나갈 수 있는 지속가능한 프로젝트로 만들어야 한다.

시 간 3시간

질 문 제작 실패한 제품도 전시해야 하는가?
설치 유보된 제품도 전시해야 하는가?
최종 평가는 어떻게 이루어지는가?
일반인 평가란 무엇인가?

목 적 참가 학생들이 본인의 제품을 다른 사람들에게 전시하고 설명해 봄으
로써 봉사 외에 공학도로서의 또 다른 성취감을 맛볼 수 있도록 한다.

준비물 제작 제품, 제품 설명서, 투표용지, 투표함, 상품, 테이블, 현수막

준 비 　본관 로비에 현수막을 준비하여 걸고, 제품을 올려놓고 시연할 수 있는 테이블을 배치한다. 테이블 뒤쪽으로는 팀별 제품설명서를 부착할 공간을 확보한다. 학생들과 일반인들이 인기 제품을 투표할 수 있도록 투표용지를 나누어 주어, 추첨을 통하여 상품을 지급할 수 있도록 한다. 마을 책임자와 고아원장들을 미리 연락하여 제품 전시회에 초대한다. 학생들은 홍보 전략을 준비한다.

교 육 　❶ 먼저 최종 점검은 마감시간까지 제품 제작이 완료된 팀에 한하여 실시한다.

최종 점검

- 최종 점검은 절대 빠뜨려서는 안 되는 과정이다. 이전까지 각자 팀의 제품에 몰입해 있기 때문에 다른 팀의 제품에 대해서는 잘 알 수 없는 상태이다. 서로 다른 팀의 제품과 아이디어의 공유를 통해 제3자의 시선으로 판단할 수 있는 기회가 생긴다.

- 만들어진 제품으로 실제 작동 원리를 설명하고 작동 상태를 시연한다. 이때, 프로젝트 매니저와 심사위원들이 같이 참여한다.

- 팀별 설명이 끝날 때마다 다른 팀은 의무적으로 질문 하나씩을 던질 수 있게 유도한다. 다만, 이 질문이 '평가'와 관련되어서는 안 되며, 기술적인 관점과 사용자 관점에서 이루어지도록 한다.

❷ 캠퍼스의 넓은 로비를 빌려서 제품 전시회를 개최한다. 제품 전시회는 팀 수가 적은 경우에는 생략해도 되지만, 팀 수가 많은 경우에는 가급적 개최하는 것이 좋다.

❸ 제품설명서를 뒤에 부착하고, 전면의 테이블에 제품을 놓고 일반인을 상대로 설명한다.

❹ 일반인들에게는 평가용지에 가장 마음에 드는 팀을 고르게 한다. 평가에 참여한 일반인들에게는 미리 준비한 기념품을 지급한다.

⑤ 전시회장의 분위기를 부드럽게 만들기 위하여 모든 팀은 돌아가며 팀 구호를 외친다. 어떤 제품을 만들었는지 간략히 설명하고, 팀의 장기자랑을 선보인다.

⑥ 평가가 끝난 후에는 추첨을 통해 소정의 선물을 지급하여 참여를 유도한다.

⑦ 평가 점수는 따로 준비된 평가지에 취합하여 합산한다.

평가 점수
- 전문가(매니저, 교수) 평가는 50%로 하고, 일반인 평가는 30%, 참가 학생들의 다른 팀 평가는 20% 반영한다.
- 평가 점수에서 1등이라고 해서 전체 프로젝트 활동에서 1등이 되는 것은 아니다. 제품 평가 또한 전체 과정 중의 하나일 뿐이라는 것을 학생들에게 주지시켜야 한다.

❽ 제품 전시회가 끝나면, 스태프는 즉시 '투표 집계'를 하도록 한다.

❾ 학생들은 최종 전시회에서 제품을 철수하고, 제품설명서를 떼어내어 잘 보관하도록 한다.

미 션 '학생 워크북'의 미션은 다음과 같다.

> **미션 내용** 최종 점검을 받고 난 후 제품 전시회에서 팀의 제품을 홍보하라.
> (스탬프 1~3)

미션 성공 여부에 따른 스탬프 지급 기준은 다음과 같다.

> **평가 기준** 1개: 최종 점검, 제품 전시
> 2개: 최종 점검, 제품 전시, 제품 홍보
> 3개: 최종 점검, 제품 전시, 제품 홍보, 팀별 장기자랑

과 제 제품 전시회장의 분위기가 느껴지는 생동감 있는 사진과 각 팀의 홍보 부스를 배경으로 팀원 전체 사진을 찍어라.

핵 심 ❶ 최종 점검에서 '실패' 판정을 받은 제품이 있다면, 그 이유는 무엇인가?

❷ 전체 학생들을 상대로 하는 제품설명은 왜 중요한가?

❸ 일반인 평가를 최종 전시회 방식으로 개최하는 이유는 무엇인가?

❹ 일반인들은 어떤 제품을 선호하는가?

❺ 일반인 평가에서 우수 성적을 받은 제품이 전문가 평가에서도 우수 성적을 거두는가?

인도네시아 친구들과 하나 되기

버스는 산을 오르고 올라 끝도 없이 달리고 있었기 때문에, 문득 오늘 안으로 숙소에 도착할 수 있을까 의문이 들었다. 심지어 버스 운전수가 차를 세우고 길을 물어보기도 했다. 그렇게 힘들게 도착한 수련원은 주변이 어두워 제 모습을 보여주지 않았다. 숙소 배정, 물품 지급, 간단한 안내를 받고 배정된 방으로 이동했다. 방의 불을 켜자 멋스러운 전통 문양으로 디자인된 조명이 눈에 들어왔다. 인도네시아는 그렇게 처음 은은하게 나를 반겨주었다.

다음 날, 식당에서 인도네시아 친구들이 환하게 웃어주었다. 간밤에 간단한 인사만 하고 각자 숙소로 흩어졌던 터라 아직 누가 누군지 구별할 수가 없었다. 아직 어색했지만 나도 씩 웃어주었다. 아침식사는 천연재료로 만든 인도네시아 전통음식이었다. 역시 처음 먹어보는 맛이라 어색했지만, 한 그릇 뚝딱 비워주었다.

수라바야의 EEPIS 대학으로 바로 가지 않고, 먼 이곳까지 온 이유는 한국과 인도네시아 학생들 사이의 문화의 벽을 허물고, 튼튼한 팀워크를 가진 새로운 국제융합캡스톤팀을 만들기 위해서라고 했다. 그렇게 하기 위해서 처음 시도한 것이 뒷사람을 완전히 믿고 스스로 뒤로 넘어

가는 'Trust Falling'이었다. EEPIS 대학의 매니저들이 먼저 시범을 보였다.

내 뒤에 서 있는 낯선 인도네시아 친구를 불안해하며 조심스럽게 뒤로 넘어갔을 때 따뜻한 손길이 등에 닿자 안도감과 함께 편안함이 느껴졌다. 아직 이름도 모르지만 낯선 친구를 같은 동료로 믿게 되었다.

팀이 정해지고 첫 미션이 주어졌다. 모든 팀은 한국 학생 3명과 인도네시아 학생 2명으로 구성되었고, 팀 이름과 구호를 정하고 팀장을 뽑아야 했다. 첫 미션은 모든 팀 멤버의 이름을 기억하는 것이었다. 우리는 팀의 이름을 '열정(Passion)'으로 정하고, 팀 색깔은 '녹색', 팀 동물은 '뱀'이었다. 다소 유치한 설정이었지만, 첫 번째 커뮤니케이션 주제로는 어렵지 않고 괜찮은 것 같았다.

인도네시아 학생들은 한국어에 대해서도 관심이 많았다. 한 번의 설명으로 내 이름을 서툴게 적는 것을 보고 적잖게 놀랐다. 새삼 한글의 과학적 우수

성을 실감하였다. 첫 번째 미션은 예상대로 모든 팀이 수월하게 통과하였다.

팀워크를 다지기 위해서 많은 게임들이 준비되어 있었다. 게임에 필요한 기본 준비물들을 매니저들이 세팅하였다. 그중에서도 모든 팀원이 서로 발목을 묶고 지면에 놓인 훌라후프 사이를 이동하여 최종 지점으로 이동하는 게임이 흥미로웠다. 나 혼자 훌라후프를 넘어가려고 해서는 안 되고, 발목을 묶은 다른 팀원과 호흡을 맞추어 넘어가야 했다. 또, 빨리 최종 지점에 가려고 서두르면 넘어지기 일쑤였다. 첫 번째 미션에서 억지로 외워야 했던 팀원의 이름이 완전히 입에 익어서 자연스럽게 부를 수 있었다.

팀워크 게임의 마지막 게임인 '파이프로 공 옮기기' 게임에서는 팀 간의 최종 팀워크 순위를 결정되기 때문에 다른 게임보다 더 열기가 뜨거웠다. 그러나 역시 이 게임도 모든 팀원의 호흡이 중요하고, 특히 새로운 파이프를 이

어붙이는 사람이 침착함을 유지해야 실패하지 않고 최종 지점까지 공을 옮길 수 있는 것이었다.

　모든 팀워크 빌딩 게임을 마치고, 가장 팀워크가 좋은 팀을 가리기 위해서 점수 계산에 들어갔다. 8개의 팀이 골고루 대전하게 하기 위해서 사전에 계획된 점수 계산 방법으로 꼼꼼하게 합산이 이루어졌다.

　최고의 팀워크를 다진 팀으로 '엠페러'팀이 뽑혔다. 이 팀은 모든 팀원들이 활발하고 적극적이어서 처음부터 눈에 띄었던 팀이어서 강력한 우승후보로 여겨졌다. 우리 팀은 3등이었다. 이 정도면 팀워크가 나쁘지 않다고 서로를 격려하였다.

　인도네시아 전통악기인 '가믈란'은 모두 4종류 이상의 타악기로 이루어져 있다. 한 악기마다 정해진 악보가 있고, 모든 악기들이 각자의 소리를 규칙적

으로 잘 내면 그것이 어우러져 아름다운 소리를 들려준다.

한국의 전통악기인 '사물놀이'는 꽹과리, 징, 장구, 북 등 4개의 타악기로 이루어져 있다. 각기 다른 개성을 가진 네 개의 다른 소리가 절묘하게 어우러져야 한국의 소리를 제대로 들을 수 있다. 아쉽게도 징은 빠졌지만, 인도네시아에서 한국의 사물놀이 소리를 듣자니 가슴이 벅차올랐다.

갈리안드라 수련원의 전통적이고 아름다운 풍경은 아직도 나의 가슴속에서 여전히 살아있다. 아직도 적도 부근의 열대우림 냄새가 나고, 수련원에 울려 펴지던 친구들의 함성 소리가 들린다.

Project
5.3 우수 팀원 선발

개 요 본 프로젝트에서는 각 팀별로 우수 팀원 추천을 받아서, 최종 작별 만
찬 때 시상한다. 각 팀에서는 우수 팀원으로 뽑은 이유를 발표하고, 뽑
힌 팀원으로부터 소감을 듣는다.

우수 팀원에게는 별도로 추가 부상을 준비한다. 다만, 따로 상장을 지
급하지는 않고, 최종 보고회 때 참가한 모든 학생에게 단원 증서를 수
여한다. 왜냐하면 참가한 모든 학생들이 사실상 모두 우수 팀원이기
때문이다.

시 간 1시간

질 문 팀 내 기여도가 가장 큰 팀원은 누구인가?

우수 팀원을 뽑는 기준은 무엇인가?

누가 가장 우수한 팀원인가?

목 적 우수 팀원을 뽑는 이유는 학생들 스스로가 그들의 우수 팀원을 추천하
고, 서로가 서로에게 감사하는 마음을 갖게 하기 위해서이다.

준비물 우수 팀원 추천 용지

준 비 모든 참가자들에게 나누어 줄 팀별 우수 팀원 추천 용지를 준비한다.

교 육 ❶ 최종 평가 직전에 먼저 모든 학생에게 우수 팀원 추천 용지를 나누어 준다.

❷ 모든 학생은 본인의 팀에서 추천하는 팀원 1명과 다른 팀의 팀원 1명을 선택한다. 선택 이유를 간단히 영어로 기입한다.

❸ 추천 용지를 수거하여 먼저 각각 팀의 우수 팀원을 결정하고, 선정 이유를 정리한다.

❹ 다른 팀의 우수 팀원 1인 추천 용지를 취합하여 최다 득표자를 결정하고, 선정 이유를 정리한다.

❺ 우수 팀원 시상은 반드시 격식을 갖추어서 진행한다.

우수 팀원 시상 방법
- 보통 클로징 리셉션 때 우수 팀원 발표를 하게 되는데, 이때 각 팀이 팀명, 동물, 슬로건을 먼저 외치도록 한다.
- 모든 팀이 슬로건을 외치고 난 후 우수 팀원 이름을 발표한다. 예를 들면, '빨간 코끼리 팀의 가장 우수한 빨간 코끼리는 A학생입니다'라는 식의 멘트를 활용한다.
- 발표 직후 보조진행자가 우수 팀원 추천 사유를 큰 소리로 읽어준다. 추천 사유가 다소 길더라도 끝까지 읽어주는 것이 좋다.

❻ 우수 팀원으로 선정된 학생은 프로젝트 책임자와 악수를 하고, '부상'을 수여받는다. 이때, 사진을 찍을 수 있도록 전면을 향하여 포즈를 취한 뒤 수상 소감을 이야기한다.

❼ 전체 참여 인원이 적을 경우 팀장과 매니저가 우수 팀원을 추천하도록 하고, 추천 이유를 정리하여 제출하도록 한다.

팀원이 적은 경우 우수 팀원 선발
- 모든 매니저와 팀장을 따로 부른다.

- 보안을 확실하게 유지하고, 우수 팀원을 자체적인 기준으로 뽑아달라고 공지한다.
- 시간을 할애하여 추천 사유와 함께 제출하도록 한다. 여기서 구체적인 기준을 줄 필요는 없다.

미 션 '학생 워크북'의 미션은 다음과 같다.

> **미션
> 내용** 자기 팀의 가장 우수한 팀원을 선정하라.
> (스탬프 1~2)

미션 성공 여부에 따른 스탬프 지급 기준은 다음과 같다.

> **평가
> 기준** 1개: 우수 팀원 선발
> 2개: 우수 팀원 선발, 추천 사유 제출

과 제 우수 팀원에게 팀에서 자체적으로 선물을 준비하여 증정하라.

핵 심 ❶ 우수 팀원 투표용지의 결과와 매니저의 의견이 일치하는가?

❷ 최대 득표자 선정결과에 팀원들이 동의하는가?

❸ 우수 팀원의 선정 이유가 합리적인가?

❹ 우수 팀원에게 주어지는 부상이 차별화 되어 있는가?

고아원에 설치한 모기 잡는 장치

수라바야시의 남동쪽에 자리 잡고 있는 EEPIS 대학은 전공실무능력을 갖춘 공학도를 육성하기 위한 대학이라고 했다. 정문에서 우리를 맨 처음 반긴 것은 낯익은 로고와 공학봉사단이라는 글자였다. 'Selemat Datang'은 '환영합니다'라는 인도네시아 언어라고 했다. 3개 모두 공학봉사단을 환영하는 현수막이어서 EEPIS 대학에서 우리 공학봉사단에게 특별한 애정을 가지고 있음을 엿볼 수 있었다.

공학봉사단 단원으로서 선서를 했다. '공학봉사단 단원 일동은 공학봉사활동을 실시함에 있어 나라와 대학의 명예를 드높이고, 공학봉사의 기본 정신에

입각하여 성실하게 공학봉사활동에 임할 것을 결의합니다.' 선서를 하고 나니 드디어 공학봉사단원이 되었음을 실감할 수 있었다.

　공학봉사단원으로서 필요한 기본 지식으로 우선 '제품 설계' 강연을 들었다. 문제 인식, 문제점 발견, 아이디어 도출, 제품 설계에 이르기까지 각 단계마다의 중요성을 다시 생각해볼 수 있는 계기가 되었다.

　또, '공학적 글쓰기 및 말하기'를 주제로 한 강연도 들었다. 글쓰기는 말하기를 포함한 개념이며, 일상생활에서의 글쓰기는 공학적 글쓰기와 다르다고 했다. 공학적 글쓰기는 문서를 읽는 사람이 이해하기 쉽도록 문제 정의부터 제품의 기여도까지 정확한 용어로 분명하게 기술되어야 한다.

　기계공작실, 전자실험실습실, 컴퓨터실, 팀별 베이스캠프, 공학봉사단 본부 등 준비되어 있는 장소들을 둘러보고, 궁금한 사항들을 물어보았다. 각 팀마다 매니저들이 팀 활동을 체크하며 팀에게는 자율적인 시간들이 많이 주어지지만, 특정 미션들 수행 여부를 엄격하게 체크한다고 했다.

　고아원으로 이동하기 전에 '풍선아트'로 강아지 인형을 만드는 미션이 주어

졌다. 인도네시아 친구들에게 풍선아트하
는 간단한 방법을 알려주고 맹연습을 하
였지만, 1분 안에 강아지 한 마리를 만드
는 것은 상당히 난이도가 높은 미션이었
다. 하지만 고아원에 가서 아이들의 마음
을 여는 좋은 방법임을 알았기 때문에 최
선을 다하였다.

　8개 팀이 3개의 고아원과 1개의 마을로 이동하였다. 우리 팀은 EEPIS 대
학 근처에 있는 '다루살람' 고아원으로 가게 되었다. 고아원으로 가면서 근처
풍경을 둘러보았는데, 우리나라 1970년대 모습처럼 낙후되어 보였다. 그러
나 시선을 넘어 조금 먼 곳에서는 고층빌딩이 자리 잡고 있어서 인도네시아
역시 빈부격차가 아주 심하다는 것을 알 수 있었다.

　　　　　　　　고아원에 들어서자 한 아이가 경계하는 표정으로 우리
　　　　　　　를 쳐다보았다. 아이들은 많지 않았고, 대부분 학교에
　　　　　　　갔다고 했다. 우리는 고아원이 위치한 마을의 아이들
　　　　　　　에게 우선 풍선아트 강아지를 만들어주었다. 아이들
　　　　　　　이 환하게 웃는 모습에 나도 덩달아 즐거워졌다. 고아
　　　　　　　원 식구들과 마을 주민들은 금세 우리를 다정하게 대해

주었다. 곧이어 학교에 갔던 아이들이 돌아왔는데, 그 아이들에게는 풍선아트로 강아지 만드는 방법을 알려주고 남은 풍선들을 모두 주었다. 초등학생 형이 어린 아이에게 강아지 만들어주는 모습이 흐뭇하였다.

우리는 그제야 고아원 식구들에게 우리가 여기에 왜 왔는지를 설명하였다. 또, 우리가 만들어온 '모기 잡는 기계'를 보여주고 작동법과 유지보수방법 등을 알려주었다. 이것을 설치해도 되는지, 설치하면 어디에 설치하는 것이 좋은지 물어보았다. 고아원장은 정말 기뻐하며 '모기 잡는 기계'를 아이들이 자는 방마다 설치해줄 것을 요청하였다.

UV램프로 모기를 유인하여 채집망 속에 가두어서 굶겨 죽이는 우리 제품은 고아원에서 대단한 인기를 끌었다. 실제로 몇 시간 지나지 않아 채집망 속에서 많은 모기들을 확인할 수 있었다. 지난 몇 달간 우리가 노력하여 만든 이제품이 실제로 인도네시아의 고아원에 설치되어서 작동하는 모습에 뿌듯함을 느꼈다. 공학봉사라는 말을 처음 들었을 때 느꼈던 막연함이 구체적으로 온몸에 인식되는 순간이었다.

Project 5.4 일지 작성

개 요 프로젝트 활동 기간, 매일 활동일지를 적게 한다. 이때 적은 활동일지는 활동 종료 후 참가보고서를 작성할 때 귀중한 참고자료가 된다. 또한, 하루라도 작성이 지연되면 매니저는 서명을 하지 않으며, 스태프의 스탬프도 받을 수 없다는 것을 반드시 알려야 한다.

시 간 20분/회

질 문 일기를 적고 있는가?
일기를 적어본 적이 있는가?
일지를 어떻게 적을 것인가?

목 적 프로젝트 전 기간 동안, 매일 학생들이 일지를 적음으로써 각 미션에 대한 기록들을 다시 정리할 수가 있다. 프로젝트 종료 후에 최종 보고서를 적을 때 참고하여 작성할 수 있도록 반드시 일지 작성을 독려해야 한다.

준비물 일지

준 비 활동일지 작성에 특별한 준비과정은 필요 없다. 일지 작성은 철저하게 개인 단위로 이루어져야 한다.

교 육 **①** 매일 아침 미팅 시간에 '일지 확인'을 한다.

② 매니저는 시간대별 활동사항, 문제점과 개선점을 읽어보고 검토 의견을 간략히 제시한 후 서명을 한다.

> **일지 확인**
> - 일지 작성은 반드시 당일 점호 전까지 이루어지도록 감독한다. 다만, 매니저의 확인은 다음날 '아침 미팅'으로 미룬다.
> - 만약 일정을 대충 적거나, 성의 없이 적혀있을 때는 매니저 재량으로 페널티를 줄 수 있다. 다시 적어오게 해야 하고, 따르지 않을 경우 서명을 하지 않는다.
> - 일지 작성을 빠뜨리거나, 또는 일지 작성이 지연되어 스태프의 서명을 받지 못한 경우에는 페널티가 주어지게 된다. 일지 하나당 스탬프 하나 감소라는 사실을 인지하여 반드시 일지를 작성하도록 만든다.
> - 아침 미팅 시간에 전날의 브리핑과 당일의 일정 안내가 있는데, 일지를 적느라 잘 새겨듣지 않는 경우가 생긴다. 해당 일지에 대해서 매니저는 서명해 주지 않는다.
> - 날짜가 지나간 일지는 검토하지도 않고 서명도 하지 않는 것을 원칙으로 한다.

미 션 '학생 워크북'의 미션은 다음과 같다.

참가한 모든 날짜의 활동 일지를 기록하라.
(스탬프 1)

미션 성공 여부에 따른 스탬프 지급 기준은 다음과 같다.

 1개: 활동 일지 기록
※ 일지를 빼먹은 날짜만큼 페널티 −1

과 제 일지 내용을 잘 정리하여 활동이 끝나고 난 후 최종 보고서를 작성하라.

핵 심 ❶ 일지를 빠트리지 않고 잘 적는가?

❷ 일지 내용을 구체적으로 작성하였는가?

❸ 서명을 받지 못한 일지가 생긴 학생들이 그 다음 날짜의 일지를 제때 작성하는가?

쓰레기 문제를 해결하라

　이번 공학봉사단의 목적은 국내에서 만들어간 제품을 현지에 설치하는 것 외에 현지에서 직접 문제를 찾고 해결 가능한 방안을 모색해보는 것이 포함되어 있었다. 국내에서는 제품 아이디어를 내고 만드는 데 몇 달이 걸렸는데, 이러한 과정을 일주일 동안 다시 수행한다는 것이 적잖이 부담이 되었다. 그러나 센터에서는 완성된 제품을 만드는 것이 초점이 아니라 문제를 제대로 인식하고, 해결 가능한 방법을 현실적인 환경을 고려하여 도출해보는 것이 초점이라고 했다. 그렇다면 한 번 해볼 만하다는 생각이 들었다.

　우리는 우선 다루살람 고아원을 둘러보며 문제점을 찾기 시작했다. 천장

에는 구멍이 나 있어 항상 비가 새고, 화장실을 맨발로 왔다 갔다 할 뿐만 아니라 고아원 바닥이 구정물로 얼룩져 있었다. 각종 이름 모를 벌레들이 바닥에 죽어 있었고, 정돈되지 않은 물건과 전선들이 쓰레기와 더불어 널브러져 있었다.

눈에 보이는 모든 것이 문제인 것 같았다. 이 중에서 우리가 어떤 것을 해결해 줄 수 있을지 막막했다. 당장에 눈에 보이는 문제점들을 개선하는 것이 해결책이 아니라는 것은 분명했다. 목마른 말을 물가로 끌고 갈 수는 있어도 물을 대신 마셔줄 수는 없는 노릇이다. 그럼 우리가 할 수 있는 것은 도대체 무엇일까. 이런 곳에서 필요한 제품을 설계하여 단기간에 공학 전공에 기초한 제품을 만드는 것이 가능한 것일까. 모든 팀원들이 진지하게 고민하였다.

긴 고민 끝에 이들에게 필요한 것은 직접적인 도움의 손길이 아니라 문제에 대한 인식을 바꿔주는 것이라는 결론에 이르렀다. 특히 아이들에게 쓰레기 분리수거에 대한 마인드를 심어주기 위한 교육적인 제품을 개발해보기로 했다. 브레인스토밍을 거쳐 탁자나 선반 밑에 둘 수 있는 '회전식 분리수거통'을 고안하였다. 개념 설계를 거쳐서 직접 오토캐드를 사용하여 설계도를 작성하였다.

우리 제품을 만들기 위해서는 프레임으로 쓰일 스테인리스 강판과 작은 쓰레기통, 각 프레임을 이어줄 기본적인 부품들, 그리고 회전을 용이하게 하기 위해서 윤활제가 필요했다. 센터에서 제한한 금액은 한국 돈 기준으로 10만원이어서 다시 한 번 더 고민을 해야 했다. 우리의 제품은 비싸서는 안 되며, 수라바야시에서 바로 구할 수 있는 재료를 선정해야 했고, 만들 수 있는 시간은 사흘밖에 없었다. 이러한 현실적인 제약조건들을 고려하며 부품을 선정하였다. 직접 오토바이로 물건들을 구

해오겠다는 인도네시아 친구들을 설득하여 센터에서 준비한 버스로 안전하게 AJBS 재료 상점에 들러서 물건을 구매했다.

구매해 온 재료들을 설계도에 맞게 자르고 구멍을 뚫었다. 또, 강판을 오려 붙여 회전 부분을 만들었다. 시간의 흐름도 잊고 제품 제작에 몰두했다. 정해진 시간에 만들어야 되는 촉박한 일정에도 우리는 지치지 않았다. 우리는 낮과 밤을 모두 실험실에서 보냈다. 우리 팀뿐만 아니라 다른 모든 팀들이 열심히 했다. 어떤 팀은 며칠째 밤을 새운다고도 했다. 숙소에서까지 제품

을 만든다고 했다.

식사는 주로 도시락으로 해결했다. 교단은 훌륭한 식탁이 되어 주었다. 회전식 분리수거통이 점점 설계도에 그려진 모습을 갖추기 시작했다. 각고의 노력 끝에 마감시간 10분을 남겨두고 최종 제품이 완성되었다. 긴장이 풀려서 힘이 빠지는 기분이었지만, 그 빈자리를 설명할 수 없는 희열이 채워주었다. 제품설명서를 만들고 제작된 제품의 확인을 받는 시간까지 긴장의 끈을 놓을 수 없었다.

5.5 아침 미팅

개 요   프로젝트가 진행되는 매일 아침, 식사를 하고 반드시 전체 미팅을 소집해야 한다. 프로젝트의 특성상 '아침 미팅'이 생략되면 전체 일정을 계획대로 소화해낼 수가 없다.

아침 미팅은 참가자 인원 점검, 현지 언어로 인사하기, 각 팀의 활동사항을 보고 받는 것으로 진행된다. 또한, 당일 예정된 미션과 일정을 공유한다. 스태프들은 학생들의 워크북에 찍어야 할 스탬프가 있는 경우에 일괄 정리한다.

시 간   1시간

질 문   전날 팀별로 별 일은 없었는가?

팀원들 개인에 특별한 문제점이 생기지는 않았는가?

오늘 미션과 일정을 읽어보았는가?

전날의 일지는 작성하였는가?

예정된 일정과 다르게 조정된 일정은 없는가?

목 적   아침 미팅이 제대로 이루어지면, 전체 프로그램의 진행 상황과 성공 여부를 미리 가늠해 볼 수 있다. 매니저나 학생들의 추가 의견이 있을 때에도 잘 검토하여 필요한 사항은 이때 공지하여 개선해 나갈 수 있다.

준비물 워크북, 안내문

준 비 예정된 일정이 현지 사정에 의해서 조정되는 경우가 가끔 있다. 이럴 경우 적극적으로 알리되, 따로 안내문을 만들어 미팅 장소에 붙여둔다. 또, 제대로 된 안내가 되기 위해서는 현지의 상황을 꼼꼼히 모니터링 할 필요가 있다. 스태프들은 미팅 시간보다 최소 30분 일찍 모여서 그날 일정을 맞추어 보아야 한다. 만약 아침에 시간이 나지 않는다면, 그 전날에라도 모여서 정리하여야 한다.

교 육 ❶ 아침 미팅은 먼저 참가자 인원 점검으로 시작한다.

> **아침 미팅에서의 스탬프 페널티**
> - 어느 한 명이라도 참석하지 않았을 경우, 같은 팀원들이 팀원을 찾아서 오게 한다.
> - 최대 5분에서 10분간의 유예 시간을 주고, 늦은 팀원이 포함된 팀에게는 페널티를 준다.
> - 이렇게 하면 다음날부터 아침 미팅뿐만 아니라 장소들 사이의 이동, 버스 탑승, 식사 시간 등에서 늦는 학생들의 수가 현저히 줄어든다.

❷ 아침 인사는 현지 언어로 된 인사말을 재확인하는 것으로 시작한다. 그리고 전날 별일 없었는지를 먼저 확인한다. 각 팀장으로부터 전날 활동과 당일 활동에 대한 간략한 요약을 듣는다.

❸ 당일 예정된 미션들과 일정을 학생에게 읽게 한다. 세세한 일정은 워크북을 참조하게 하고, 미션들의 의미와 최소 요구조건, 주의사항 위주로 안내한다.

❹ 다음으로 스태프들이 학생들의 워크북을 모두 걷은 후, 학생들의 일지를 점검한다. 일지에 매니저 서명이 되어 있는 경우에만 스태프가 서명한다. 또, 그 전날 찍어 주지 못했던 스탬프가 있으면 아침 시간에 일괄 정리한다.

미 션 '학생 워크북'의 미션은 다음과 같다.

미션 팀원 모두가 아침 미팅에 늦지 않도록 서로 협조하라.
내용 (스탬프 1)

미션 성공 여부에 따른 스탬프 지급 기준은 다음과 같다.

평가 1개: 모든 팀원이 정해진 시간에 아침 미팅장소 도착
기준 ※ 아침 미팅에 늦은 학생의 수만큼 페널티 −1

과 제 아침 미팅에 늦지 않는 팀별 방법을 찾아라.

핵 심 ❶ 학생들이 어떤 경우에 아침 미팅에 늦게 참석하는가?

❷ 워크북을 아침 미팅뿐만 아니라 항상 지참하고 다니는가?

❸ 팀장은 각 팀의 활동사항을 잘 요약하여 발표하는가?

❹ 학생들이 당일 예정된 미션들을 미리 읽어보는가?

❺ 변경되거나 조정된 일정이 학생들에게 제대로 전달되는가?

세상을 바꿔라

눈 깜짝할 사이에 문제 인식부터 제품 제작까지 끝이 났다. 처음에 의심스러웠던 과정이 촉박하지만 충분히 가능하다는 결론이 났다. 물론 일부 팀은 며칠 잠을 잘 못 자는 등의 부작용이 있었지만, 아픈 사람 없이 순조롭게 며칠이 지났다.

마지막 날의 일정은 크게 자기성찰, 디자인페어, 클로징 리셉션으로 계획되어 있었다. 클로징 리셉션을 위하여 우리는 마지막을 장식할 노래를 선정하여 연습했다. 마이클 잭슨의 'Heal the world'의 가사가 특히 마음에 와 닿았다. 8개의 팀과 매니저들이 분담하여 각자 가사를 외웠고, 프로젝트를 지휘하던 교수님의 지휘 아래 모두 즐겁게 노래를 불렀다.

또, 클로징 리셉션 때 안내할 각 팀의 베스트 멤버 선출 방법을 안내받았다. 모든 팀원들이 모두 인정하는 베스트 멤버를 선정하되, 해당 베스트 멤버는 본인이 뽑혔는지를 몰라야 된다고 했다. 우리 팀은 만장일치로 '이주영'을 베스트 멤버로 뽑았다. 뽑은 이유는 '정말 열심히 했고 언제나 팀원들을 도우며 분위기를 재미있고 부드럽게 만든 것' 때문이었다.

   발대식을 했던 장소에서 자기성찰 시간을 가졌다. 자기성찰 시간은 실질적으로 스스로 그동안의 활동을 돌아보는 시간이다. 공학봉사에 참여하기 전과 참여하고 난 후 본인이 달라진 점을 학습 성과별로 나누어서 정리하였다. 공학봉사를 단순한 제품 설치 정도로 생각했던 이전과는 달리 공학봉사에는 감성과 누군가를 도우려는 마음가짐이 중요하다고 생각했다.

   우리의 활동에 대한 현지의 관심은 들어서 알고 있었지만, 직접 현지 신문에 우리의 사진과 함께 활동이 소개된 것을 보고 깜짝 놀랐다. 신문에는 〈고아원에 적합한 기술: 한국 학생들로부터 다양하고 적절한 기술이 여러 고아원에 기부되었다. 본 프로그램에 한국의 6개 대학 총 24명의 학생과 12명의 스태프 및 교수님들이 참가하였고, 수라바야 폴리테크닉 전자 주립대학에서 16명의 학생과 8명의 교수님들이 참여하여 긴밀히 운영하였다.〉라고 적혀 있었다. 우리는 모두 즐거웠고, 도움을 주려고 온 우리 또한 많은 것을 배워간다고 느꼈다.

자기성찰 시간이 스스로를 돌아보는 시간이라면 디자인페어는 그동안의 활동을 EEPIS 대학의 학생들에게 평가받는 시간이었다. 본관의 메인 홀에 8개 팀이 각자 만든 제품과 제품설명서를 전시하였다. 150여명의 학생들과 교직원들이 평가에 참석하였다. 디자인페어 평가 점수가 전체 활동의 순위를 매기는 데 중요한 역할을 하기 때문에 모든 팀은 자기 제품을 좀 더 잘 설명하기 위하여 최선을 다하였다.

제품 뒤에 붙여진 제품 설명서를 활용하기도 하고, 직접 시연을 보이기도 하였다. 짧은 시간에 많은 사람들이 전시장을 둘러보는 바람에 일일이 우리 제품을 잘 설명할 수가 없는 아쉬움이 있었다. 그러나 최소한 우리의 아이디어가 전시장을 찾은 사람들의 기억 속에 남기를 바라는 마음으로 짧은 전시 일정을 마무리하였다. 평가점수는 당일 공개하지 않았지만, 상위 3개 팀만 알려주었다. 우리 팀이 포함되어 있지 않아서 조금 서운했지만 최선을 다한 것으로 위안을 삼았다.

알이즈웰팀은 정수장치 모형을 제작하였다. 다른 팀에 비해 여학생들이 많아 체력적으로 힘들었을 텐데도 활짝 웃는 모습을 잃지 않았다. 엠페러팀은 실제 파이프에 장착할 수 있는 간이정수필터를 만들고 이름을 대박필터라고

지었다. 코린도팀은 전기를 사용하지 않고 물을 끌어들여 정수하는 모형을 제
작하였다. 퍼플 엘리펀트팀은 비가 오면 자동으로 펼쳐지는 캐노피 모형을 제
작하였다. 쁘리마까시팀은 자동 창문 개폐기를 만들어 높은 위치의 창문을 쉽
게 여닫을 수 있도록 하였다. OMG 팀은 이슬람 기도 시간을 자동으로 알려
주는 방송시스템을 만들었다. 오렌지 엘리펀트팀은 스마트 쓰레기 소각장치
모형을 만들었다. 다함께 마지막 단체 사진을 찍었다. 첫날의 어색함은 사라
지고 마지막 날의 아쉬움이 남아 있었다.

   클로징 리셉션은 우리의 마지막 활동이었다. 모든 일정을 무사히 성공적
으로 마치고 난 후에야 EEPIS 학장님과 센터장님도 비로소 환하게 웃을 수
있었다. 매니저, 교수의 소감발표가 끝나고, 팀의 베스트 멤버 발표를 하였
다. 'Heal the world' 노래와 함께 우리의 공식 활동은 끝났다. 이제까지 함
께 보낸 시간들이 파노라마처럼 스쳐 지나갔다. 마지막이라 생각하니 이 순
간이 더 애틋했다. 우리가 맞잡은 서로의 손이 언제나 든든한 나의 친구로 남
기를 소망하였다.

5.6 최종 보고회

개 요　최종 보고회는 보통 프로젝트가 끝나고 일정 기간 후에 열리게 된다. 본 프로젝트는 불특정 다수가 모였다가 해체되는 일회성 프로그램이 되지 않도록 해야 한다. 즉, 참가자의 경험이 다음 참가자로 전수되고, 이전 프로젝트의 노하우가 다음 프로젝트에 개선 사항으로 반영되어야만 한다. 프로젝트의 힘든 부분이 끝나고 일정 시간이 지난 후에 개최되는 것이기 때문에, 전체 순위 발표와 단원 증서 수여는 최종 보고회 때 이루어지는 것이 좋다. 또, 반드시 프로젝트와 관련된 외부 인사와 동아리 회원들, 그리고 프로젝트에 관심 있는 일반인을 초청하여 같이 성과를 공유해야 한다. 프로젝트 활동 동영상을 4주 안에 미리 만들어 두고 최종 보고회 때 직접 참가자들에게 보여주는 것이 좋다. 100마디 말보다 그들 눈앞에 펼쳐지는 짧은 몇 분간의 동영상이 프로젝트의 의미를 되새기는 데 훨씬 더 효과적이다.

시 간　2시간

질 문　지난 프로젝트를 아직도 기억하는가?

최종 우승팀이 어떤 팀이라고 예상하는가?

우리의 프로젝트를 한마디로 이야기한다면 어떻게 말할 수 있을 것인가?

목 적 참가자들의 경험을 그대로 다른 사람들에게 전달하고, 그 분위기를 이어나갈 수 있도록 최종 보고회를 개최한다.

준비물 파워포인트 자료, 동영상, 자기 성찰 노트
프로그램 최종 보고 자료, 단원증, 상장

준 비 각 팀은 따로 본인 팀의 제품을 설명할 있는 '파워포인트 자료'를 만든다. 참가 학생은 영어로 작성된 자기 성찰 노트를 준비한다. 본부에서는 '프로그램 최종 보고' 자료를 준비한다. 전체 활동을 짧은 영상물로 제작한다. 스탬프 기록에 근거하여 최종 우승팀과 전체 순위표를 작성한다. 단원증과 상장을 준비한다.

교 육 ❶ 최종 보고회는 참가 학생들의 작품 발표를 위주로 진행한다. 각 팀별로 5분 정도 시간을 주고 길게 끌지는 않도록 한다.

❷ 전체 프로그램을 처음부터 끝까지 일목요연하게 간단히 정리하여 '프로그램 최종 보고'를 한다.

❸ 매니저들도 참가하여 각자의 소감을 정리된 문서로 발표하게 한다.

❹ 참가 학생들에게 자기 성찰 발표 시간을 제공한다. 영어로 진행하고, 최소 1분에서 최대 3분까지의 시간을 준다.

❺ 프로젝트의 활동을 영상으로 만든 제작물을 다 함께 감상한다.

❻ 최종 우승팀과 전체 순위를 발표한다. 간이 시상식을 가진다.

❼ 지난 프로젝트의 모든 참여자들에게 단원증서를 수여하되, 최종 보고서를 제출하지 않은 학생은 단원증서 수여를 보류한다.

❽ 프로젝트의 참여자뿐만 아니라 최종 보고회에 참석한 모든 인원들이 다 함께 단체 사진을 찍는다.

❾ 준비된 식사 장소로 이동하여 다 함께 즐거운 식사로 전체 일정을 마무리한다.

미 션 '학생 워크북'의 미션은 다음과 같다.

> **미션 내용** 팀별 작품 발표와 자기 성찰 발표를 수행한다.
> ※ 스탬프 없음, 최종 보고서 제출자에 한하여 단원증 지급

과 제 최종 보고회가 끝나고 각 팀의 활동을 효과적으로 보여줄 수 있는 팀별 자체 영상제작물을 만들고, 사랑공학 동아리에 신입 회원으로 가입하거나 새로운 동아리를 만들어서 친구, 후배에게 전수하라.

핵 심 ❶ 학생들이 모두 최종보고서를 제출하였는가?
　　　 ❷ 프로그램 최종 보고에 일반인들의 반응은 어떠한가?
　　　 ❸ 팀별 제작 제품에 동아리 회원들이 관심을 보이는가?
　　　 ❹ 참가자들의 경험이 다른 사람들에게 잘 전달되는가?
　　　 ❺ 프로젝트 활동 동영상이 실제로 현장분위기를 잘 전달하는가?

영어가 제일 쉬웠어요!

국내 거제도에 공학봉사를 다녀온 김동진 학생은 본인의 특기가 '영어'라고 했다. 학교에서도 동아리 활동을 통해 '영어 말하기' 대회에서도 수상한 경력을 자랑했다. 인도네시아 공학봉사팀에 선발되어 일주일 동안 영어만 사용하여 의사소통을 해야 했다. 그런데 시간이 흐를수록 눈에 띄게 말수가 줄어들었다. 결국 본인의 특기가 '영어'라고 한 것을 취소해야만 했다.

공학봉사단

공학봉사를 다녀온 전민호 학생은 사랑공학연구회의 '회장'직을 수행하였다. 그는 공학 전공에 대한 회의를 가지고 있었지만, 공학봉사단에 참여한 덕택에 공학 전공에 대한 신념을 가지고 전체 회원을 잘 이끌어 주었다.

봉사하고 싶어요!

정찬우 학생은 처음에 갔던 마을에 한 번 더 방문하여 이웃주민들을 돕고 싶어 했지만, 일정 때문에 학교에 머무르게 해서 크게 낙담했다. 심지어 '봉사하러 왔는데, 왜 봉사를 못하게 하세요.'라고 불만을 표현했다. 그러나 나중에 정찬우 학생은 인도네시아 학생들과 협력하여 현지의 문제를 해결하는 과정에서 오히려 더 많은 것을 배우고 돌아올 수 있었다고 고마워했다.

뜨거운
겨울방학

한국으로 돌아오니 인도네시아에서의 여름방학이 다시 한국의 겨울방학이 되었다. 더위와 싸우던 나는 다시 추위와 싸우고 있었고, 현지 고아원 문제로 고민하던 나는 취업을 생각하던 원래의 나로 돌아와 있었다.

그러던 어느 날, 모두의 예상을 깨고 우리 팀이 1등을 했다는 소식을 들었다. 우리 팀보다 팀워크가 좋았던 팀도 있었고, 며칠 밤을 밤새워 제품제작에 몰두한 팀도 있었다. 마지막 디자인페어의 학생평가에서 3위안에 들지 못해서 사실 거의 마음을 비우고 있었기 때문에 기쁨은 더 컸다. 공학봉사 활동기간의 모든 미션에서 꾸준히 상위권을 유지하였고, 시내 포토 미션에서도 1등을 했었으며, 정해진 시간을 잘 지켜 페널티도 없었고, 결정적인 것은 마지막 디자인페어의 EEPIS 매니저 기술평가에서 우리 팀이 점수가 가장 높아 전체 점수를 합산했을 때 우리 팀이 1등을 차지하였다고 했다.

다시 같은 팀원들을 만날 수 있다는 생각에 벌써 심장은 두근거리기 시작했다. 그들의 방문과 맞추어서 공학봉사단 최종 보고회가 열렸다. 오랜만에

같이 참가했던 다른 친구들도 만나게 되어 지난 공학봉사 때의 감정이 다시 살아났다. 특히 인도네시아에서 함께 오지 못한 다른 친구들의 영상메시지는 정말 감동적이었다.

최종 보고회 때는 처음 보는 얼굴도 있었다. 공학봉사단에 참가했던 학생들이 주축이 되어 만든 동아리의 이번 년도 신입회원들이 같이 참석해주었다. 앞으로 공학봉사가 단기에 거치지 않고 계속 잘 이어나갈 수 있겠구나 하는 생각이 들었다.

요즘은 facebook을 통해서 계속 공학봉사단 친구들과 연락을 이어오고 있다. 물리적인 거리는 멀지만 우리들 사이의 거리는 정말 가깝다. 내가 공학봉사단 클럽에 사진을 올리면 1분도 안 되어서 인도네시아 친구들의 의견이 올라온다. 우리는 공학봉사를 통해 같은 생각을 하는 많은 친구들이 생겼다. 또, 같은 생각을 가진 많은 후배들이 생겼다. 나는 공학봉사를 다녀온 내가 자랑스럽다. 나는 공학봉사단원이다.

Appendix **워크시트**

1 3 팀 만들기

팀	
팀명	
팀장	선출이유
슬로건	
대표동물	

이 름

학생 이름	MBTI	전공 및 특징

매니저 정보

팀 장기자랑

278 글로벌 공학봉사설계프로젝트 **창의충전소**

1 4 팀워크 향상

문화 속 공학 찾기

• 주제

• 목적

• 방문장소

• 이동경로

• 계획

• 공학적 요소

• 재미있는 에피소드

3 1 문제 발견

문제 1

문제 2	문제 3

문제 4	문제 5

중요도 판단기준표

	판단기준	문제 1	문제 2	문제 3	문제 4	문제 5
1	시급성					
2	주민의견					
3	복잡성					
4						
5						
	합계					

당면과제 문제카드

3 2 아이디어 도출

아이디어 그룹화

분야				
아이디어				

주요 아이디어

	아이디어	설명
1		
2		
3		
4		

아이디어 선정표

	판단기준	아이디어 1	아이디어 2	아이디어 3	아이디어 4
1	제한 금액				
2	현지 적합성				
3	창의성				
4	제한 시간				
5	제작 용이성				
6	팀 부합도				
7					
	합계				

선정 아이디어 개선

아이디어	
장점	
단점	
특이사항	
개선 아이디어	

3 3 제품 설계

상세 스케치

공구 목록

재료 구매 목록

단위 :

No	물품명		규격	단위	수량	가격		비고
	한글	영어				단가	합계	
1								
2								
3								
4								
5								
6								
7								
8								
9								
10								
합계								

위의 물품들을 구매하고자 합니다.

20 . . .

구매자	매니저	검수자
서명	서명	서명

3 4 재료 구매

단위 :

No	물품명		규격	단위	수량	가격		비고
	한글	영어				단가	합계	
1								
2								
3								
4								
5								
6								
7								
8								
9								
10								
합계								

위의 물품들을 구매하였습니다.

20 . . .

구매자	매니저	검수자
서명	서명	서명

구매 요약

단위 :

No	날짜	구매 내역	지출	잔액	비고
1					
2					
3					
4					
5					

위의 구매내역을 확인합니다.

20 . . .

3 5 제품 제작

업무 분장

	팀원	담당 업무
1		
2		
3		
4		
5		
6		

제작 일정표

	업무 ＼ 슬롯	1st	2nd	3rd	4th	5th	6th
1							
2							
3							
4							
5							

최종 점검

36 제품설명서 작성

제품설명

사용방법

자체 평가

평가기준	배점	점수	의견
디자인	15		
제작 방법	15		
가격경쟁력	15		
현지 적합성	20		
지적재산권	15		
역할 분담	15		
제작 기간	5		
합계	100		

3 7 제품 설치

설치 유의사항

설치 허가

제품명

팀명

위 제품이 설치되는 것을 허락합니다.

20　.　.　.

이름　　　　　　서명

제품 점검

• 작동상태

• 안정성

4 1 이웃과 만나기

이웃	
이름	특징

5 1 자기 성찰

성찰 내용

요약	

	참여 전	참여 후
자원 및 기술 활용 능력		
협동 능력		
의사소통 능력		
자기관리 능력		
분석적 사고 능력		
글로벌 역량		

소감

5·2 제품 전시회

평가 점수

팀		A	B	C	D	E	F	G	H	I	J
판단 기준	배점										
제품 제작 방법	30										
개념 설계 및 상세 설계	30										
가격경쟁력	30										
지적재산권	5										
파급효과	5										
합계	100										

평가 의견

팀 A		
팀 B		
팀 C		
팀 D		
팀 E		
팀 F		
팀 G		
팀 H		
팀 I		
팀 J		

5 4 일지 작성

일지	20 . . .
목적	

시간	활동

문제점 및 개선사항

참고문헌

[1] Service Learning in Your Community, Great Lakes Press, Inc.,2006.

[2] Projects That Matter: Concepts and Models for Service-Learning in Engineering, Stylus Publishing, LLC, 2007.

[3] The National Academy of Engineering, The Engineer of 2020, The National Academies Press, 2004.

[4] Hatcher, J. A., and Bringle, R. G., "Reflection: Bridging the gap between service and learning." College Teaching, 45(4), pp. 153-157, 1997.

[5] Jae Weon Choi, Young Bong Seo, and Jiin Eom, "A PNU Model of Engineering Service Learning as a Multidisciplinary Design Project," IEEE Global Engineering Education Conference, Amman, Jordan, 4-6 April 2011.

[6] Young Bong Seo, Jiin Eom, and Min Jeong Jeong, "Problem Based Learning in Engineering Service Design Program," IEEE Global Engineering Education Conference, Marrakech, Morocco, 17-20 April 2012.

[7] Young Bong Seo, Jiin Eom, Min Jeong Jeong, Yang Eun Kim, and O-Kaung Lim, "Analysis of Program Outcomes in Project BEE-Outreach Together 2012," IEEE Global Engineering Education Conference, Berlin, Germany, 13-15 March 2013.

[8] Design Thinking for Educators Toolkit, 2nd Edition, http://www.designthinkingforeducators.com/toolkit/, Riverdale+IDEO, 2013.